U0184384

哈洛新知
Hello Knowledge

知识就是力量

神秘的宇宙

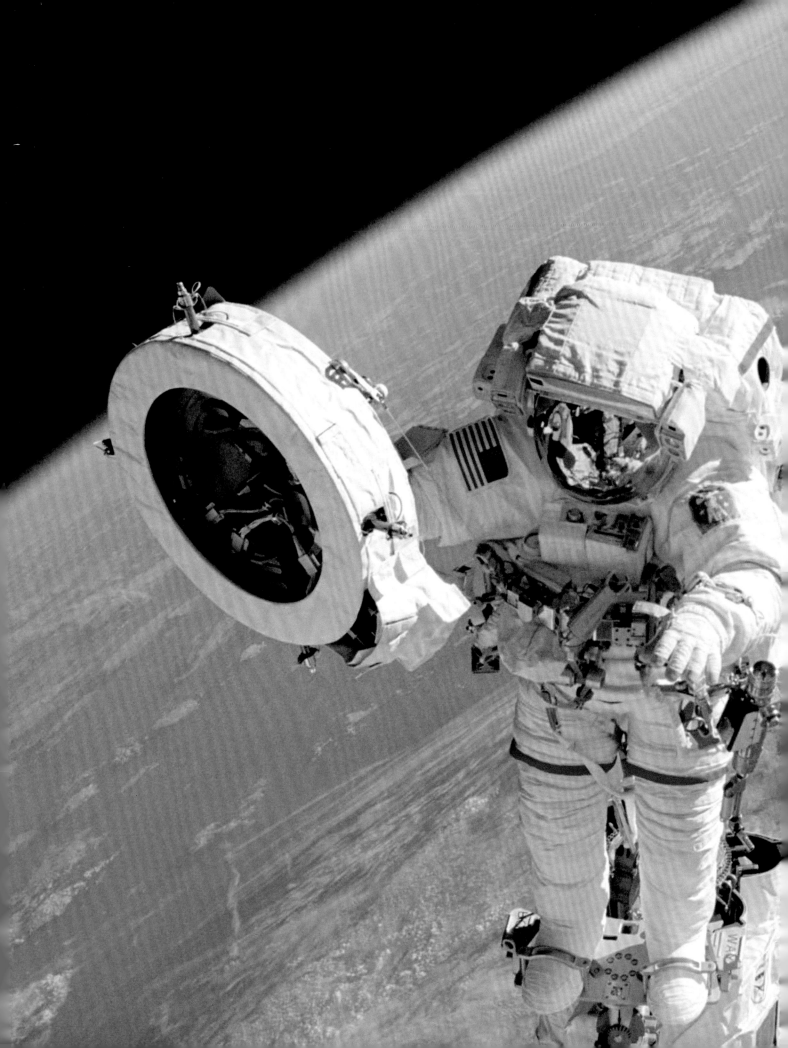

神秘的宇宙

星系、行星和恒星指南

［美］斯滕·奥登瓦尔德　著

张飒　译

华中科技大学出版社
http://www.hustp.com

中国·武汉

神秘的宇宙
Shenmi de Yuzhou

[美] 斯滕·奥登瓦尔德 著

张 飒 译

图书在版编目（CIP）数据

神秘的宇宙 /（美）斯滕·奥登瓦尔德 (Sten Odenwald) 著；张飒译 . —武汉：华中
科技大学出版社，2022.10
（万物探索家）
ISBN 978-7-5680-8608-0

Ⅰ . ①神… Ⅱ . ①斯… ②张… Ⅲ . ①宇宙－普及读物 Ⅳ . ① P159-49

中国版本图书馆 CIP 数据核字（2022）第 154761 号

Copyright©Arcturus Holdings Limited
www.arcturuspublishing.com

湖北省版权局著作权合同登记　图字：17-2022-107 号

策划编辑：杨玉斌	
责任编辑：陈 露 严心彤	装帧设计：陈 露
责任校对：曾 婷	责任监印：朱 玢

出版发行：华中科技大学出版社（中国·武汉）　电话：（027）813219
　　　　　武汉市东湖新技术开发区华工科技园　邮编：430223

录　排：华中科技大学惠友文印中心
印　刷：湖北金港彩印有限公司
开　本：880 mm×1230 mm　1/16
印　张：12
字　数：380 千字
版　次：2022 年 10 月第 1 版第 1 次印刷
定　价：168.00 元

本书若有印装质量问题，请向出版社营销中心调换
全国免费服务热线：400-6679-118　竭诚为您服务
版权所有　侵权必究

目录

// 引言

自人类出现以来，我们一直在探索我们周围世界的旅途上前行。对地貌景观、季节的规律性、猎食者和猎物的天性及位置的熟悉，最初是生存的需要。最近几个世纪，这种探索的过程不再是为了生存，更多的是受到单纯的好奇心的驱使。这种好奇心带来的技术成果彻底改变了我们的文明，尤其是在 20 世纪。在好奇心所寻求解决的首要问题中，有我们宇宙的所容之物、结构和性质：太阳和地球是如何形成的？我们宇宙的起源和命运是什么？我们在宇宙中是孤独的吗？

几千年来，哲学家试图回答这些问题，但未能取得任何进展。你无法通过利用语义或演绎逻辑来回答这些问题。你需要普通感官无法提供的原始信息。直到 17 世纪望远镜和 19 世纪分光镜的出现，科学家才在极大程度上扩展感官并收集到有关行星和恒星的关键数据。

艾萨克·牛顿（Isaac Newton）爵士曾说过，他的成就是"站在巨人的肩膀上"的结果。我们今天的处境同样如此。历经几代科学家和数百万小时的劳动，人类历史才到达一个可以让古老的问题终于找到答案的阶段。我们了解了我们的宇宙，不是将之作为一个神秘而高深莫测的抽象概念，而是作为一个具体并且可知的物质、能量、空间和时间的体系。与此同时，宇宙中充斥着奇妙而惊人的物体和事件，其中最重要的是我们自身的起源是有知觉的生命，让宇宙能够自我理解。

下图 哈勃太空望远镜拍摄的一张照片，显示了"神秘山"——船底星云中 3 光年高的气体和尘埃柱。

宇宙的形成

　　拉丁语中的universum一词最早是由罗马政治家西塞罗（Cicero）在公元前1世纪创造的。如今，我们知道我们的宇宙包括地球上的所有事物、太阳系以及太阳系之外遥远的恒星和星系。它还包含一个广阔的，并可能无限的空间，这一空间已经存在了近140亿年。在人类历史的大部分时间里，宇宙形成的方式是宗教问题。所有的创世故事都有一个共同点：它们必须解释某事物（宇宙）是如何被创造或从无到有的。如今，天体物理学家仍在努力揭开这一令人费解的谜团，他们用现代语言来描述这个谜团："为什么是有什么而不是什么也没有？"言语中带一丝顽皮和幽默。

宇宙一小部分的哈勃极深场，图像显示了数千个星系，其中最遥远的星系距离地球约 130 亿光年。在哈勃空间望远镜的最远极限，它只能探测到宇宙大爆炸（后文简称"大爆炸"）后 5 亿年形成的那些婴儿星系。

// 创世故事

在古代，宇宙中物质的构成是基于亚里士多德（Aristotle）提出的一组基本要素，即土、气、火、水和以太。前4种要素存在于地球上，天空中的行星、恒星和其他"居民"则由 种被称为以太 [acthcr（αιθcρ）] 的纯净发光物质构成。虽然亚里士多德考虑了5种要素，但在印度的吠陀哲学中，又补充了时间、空间、思想和灵魂等要素。世界上所有的物质都是由这些要素的混合物构成的。探索宇宙的古代哲学家总是发现自己在探索构成万物的基本要素，这些要素在公元前5世纪被希腊人 [如德谟克利特（Democritus）] 称为 atomos（原子），在公元前6世纪被吠陀圣人羯那陀 (Kanada) 称为 parmanu（原子）。

除了了解构成世界的要素外，人们还必须创作故事来解释世界上的特定事物是如何由这些基本要素构成的。在古埃及，阿图姆－拉（Atum-Ra）首先通过说出自己的名字从努恩（Nun）的黑暗水域中创造了自己。他通过这种行为，随着时间的推移将所有其他神灵和地方都创造了出来。随后古巴比伦人也在宇宙水域中创造了他们自己的神：阿卜苏（Apsu）

代表淡水，提亚玛特（Tiamat）代表苦涩的咸水。这对神灵随后创造了其他所有神灵，包括最终杀死提亚玛特的马尔杜克（Marduk），他又从提亚玛特的尸体中创造了天与地。同样在中东，犹太教《圣经》中的《创世记》认为宇宙始于混沌中无形的水，上帝利用它创造了天、地和所有生命。

古人们在创作这些故事时面临的最大挑战可能是来自《梨俱吠陀》中首次提出的："谁知道这一伟大的创造从何而来？"答案是，即使是"至高天上的至高先见"也可能不知道！然而，千百年来，人们发现此类故事完全可被利用于满足他们自己的需求。只是在过去的100年里，新的认识才使我们能够为我们现在所说的宇宙起源创作一个更好的"故事"。当代人类面临的最大挑战是将我们发现的所有新的基本要素纳入现代的创世"故事"中，并展示它们是如何以合乎逻辑的方式相互关联的。这些要素代表了我们物理世界的7种特定的现象和属性。下面就让我们逐一来看一看吧。

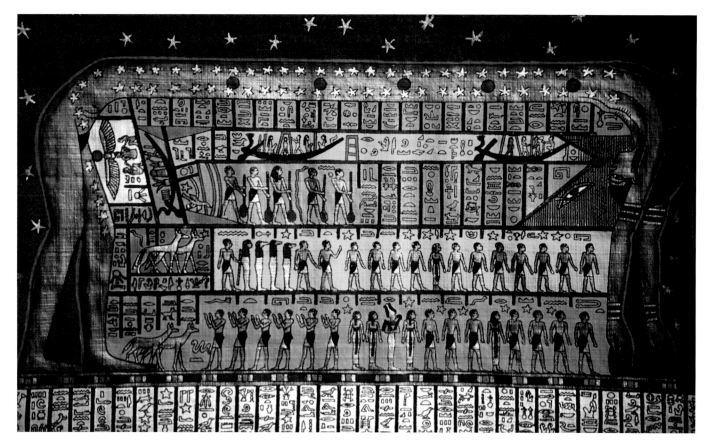

上图 阿图姆－拉创造了舒（Shu，代表空气），此后舒又将努特（Nut，代表天空）与盖布（Geb，代表大地）分开，创造了埃及宇宙。

下图 乔治·弗雷德里克·瓦茨（George Frederic Watts，1817—1904）所画的《混沌》，描绘了《圣经》中的《创世记》所描述的自然的原始状态。

// 要素一：物质

直到 15 世纪，炼金术士也只成功地识别了亚里士多德提出的 5 种要素之外的几十种化合物。如今，对自然界基本元素的探索已经不可阻挡地引领人们认识了地球上 94 种天然元素，还有另外 24 种是用先进的技术人工合成的元素。几个世纪的科学研究和技术进步也使人们对物质的本质有了深刻的理解，这些物质是由一小部分基本元素组成的，其复杂程度令人眼花缭乱。但是，将物质还原为其最基本成分的过程并没有就此结束。从 20 世纪初开始，人们还发现原子是由电子、质子和中子组成的。已知相对原子质量最大的元素𬭩（Og）于 2006 年被发现，它包含 118 个质子、118 个电子和 176 个中子。到 20 世纪中叶，对质子的研究实验发现，质子本身由更基本的物质组成，称为夸克。随着时间的推移，物理学家发现了 6 种不同的夸克，它们被赋予了幽默的名字：u 夸克（Up）、d 夸克（Down）、s 夸克（Strange）、c 夸克（Charm）、b 夸克（Bottom）和 t 夸克（Top）。人们熟悉的质子和中子只需要 6 种夸克中的 2 种，即 u 和 d 夸克，每 3 个为一组，例如，1 个质子由 3 个夸克组合 uud 构成，而中子则由夸克组合 ddu 构成。数以百计的其他质量更大的粒子则需要 6 种夸克组合构成。

在 6 种夸克之外，排在第二位并且质量小得多的基本粒子家族被称为轻子。电子是我们现代文明的主力，是轻子中最为人所熟悉的，但它要与另一种称为中微子的粒子配对。在放射性衰变过程中，例如当一个中子在大约 10 分钟后衰变时，中子变成质子并同时释放出一个电子和一个中微子。其他粒子也可以经过衰变释放出额外的、质量更大的轻子，如 μ 子和 τ 子，各自被它们自己的伙伴中微子跟随。

反物质是在 20 世纪 30 年代发现的，是一种物质形式，它们所带的电荷与夸克和轻子物质相反。例如，带负电荷的电子有一个反物质版本，称为正电子。正电子的质量与电子相同，但带正电荷。电荷为 −1/3 的 d 夸克有带 +1/3 电荷

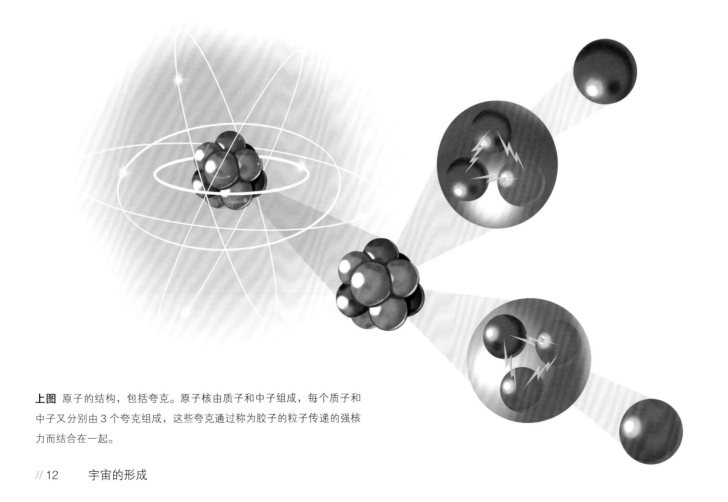

上图 原子的结构，包括夸克。原子核由质子和中子组成，每个质子和中子又分别由 3 个夸克组成，这些夸克通过称为胶子的粒子传递的强核力而结合在一起。

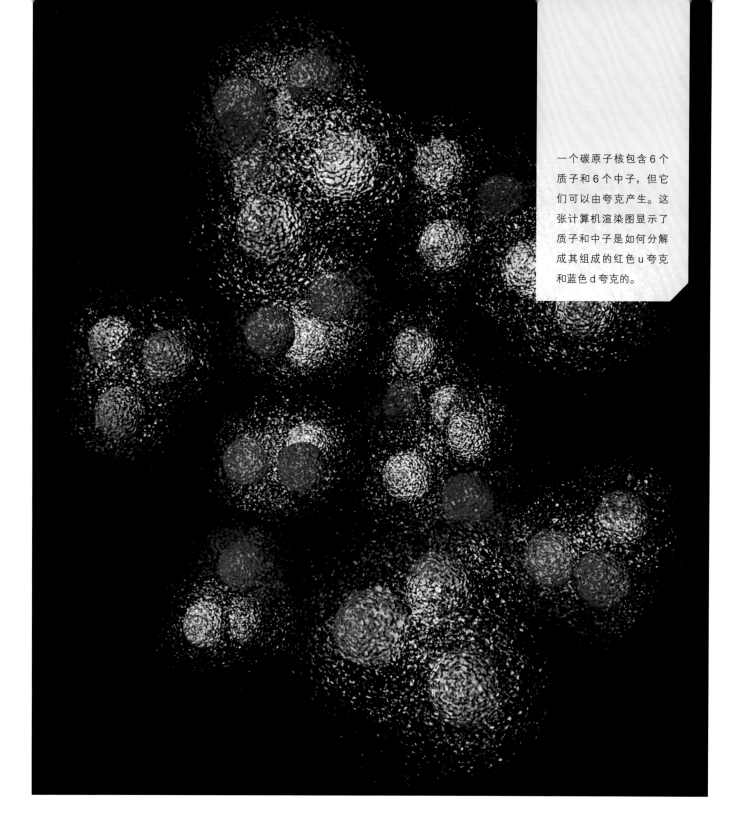

一个碳原子核包含 6 个质子和 6 个中子，但它们可以由夸克产生。这张计算机渲染图显示了质子和中子是如何分解成其组成的红色 u 夸克和蓝色 d 夸克的。

的反物质 d 夸克。类似地，带 +2/3 电荷的 u 夸克有带 −2/3 电荷的反物质 u 夸克。这就是为什么没有净电荷的中子也有反粒子，即反中子。中子包含夸克组合 ddu，反中子由 3 个反夸克 ddu 组成。

粒子及其反粒子的另一个重要特征是当它们聚集在一起时，它们会在能量爆发中消失。阿尔伯特·爱因斯坦（Albert Einstein）的狭义相对论指出，物质和能量是等价的物理属性，由他的标志性公式 $E=mc^2$ 关联在一起。电子和正电子的结合正好产生两条伽马射线，每条射线携带的能量 $E=mc^2$，其中 m 是电子的质量，c 是光速。正负电子对也可以通过使用"粒子加速器"来创造，其中粒子之间的碰撞能量几乎可以"无中生有"地创造正负电子。我们宇宙的基本构成可以简洁地概括为 6 种夸克、6 种轻子和它们的反物质双生粒子。这些发现已经被编入了物理学家的标准模型中，但标准模型还有美中不足之处。

自 20 世纪 90 年代以来，天文学家一直在研究星系的运动和我们银河系的自转，发现了大量看不见的暗物质。暗物质与标准模型中出现的物质不同。暗物质似乎是不可见的，不发光，也不会吸收或反射来自恒星的光。想检测到暗物质只能通过它对我们可以看到的事物的引力影响来推断。银河系附近星系的运动，以及银河系内恒星和气体云的运动，向我们揭示了星系周围巨大的暗物质晕的范围。现代研究推测，我们银河系中存在的暗物质的质量大约占银河系质量的 93%。在银河系附近的许多星系中也可以探测到暗物质的这种优势。如果没有大量的暗物质，许多星系只会自旋分裂，而不是像今天我们所看到的那样持续存在了数十亿年。

尽管人们经过 50 多年的努力仍未发现新的夸克或轻子，但对暗物质的探索仍然是当代天体物理学中最激动人心的活动之一。天体物理学家试图利用标准模型中中微子的存在来寻找暗物质。如果一个中微子的质量是一个电子的十万分之一，那么它们的质量和引力就足以用于模拟暗物质。在 20 世纪 80 年代和 90 年代，这是一个令人兴奋的前景，但直到对 3 种已知类型中微子质量的精确测量才表明它们不足以提供足够的引力。从纯粹的理论角度出发，物理学家采用超对称性这一新原理将标准模型扩展到更高能量，从而找到了暗物质的候选粒子。最有希望的粒子被称为中性微子。在瑞士日内瓦的大型强子对撞机上，尽管进行了长达 10 年的探索，但仍未发现超对称性或这种新粒子存在的证据。从质量最大的 t 夸克的质量（约单个质子质量的 180 倍）到大型强子对撞机探测的极限（单个质子质量的 1 万倍），在此之间没有检测到新粒子。对于物理学家来说，这片粒子沙漠是令人震惊且前所未见的。大自然似乎已经用尽了物质的形式，所有的物质形式已被我们编入标准模型中了。

右图 暗物质在被称为 Abell 1689 的星系团中的位置。斑点是各个星系，白色云雾代表暗物质的估计位置，加以着色以显示其位置。

// 要素二：自然的基本力

我们宇宙的第二个要素是使物质"做"一些有趣事情的力。如果没有力，宇宙将是人空中由夸克和轻子组成的静态气体。自古以来，人类就知道这些基本力中的第一种，称为电磁力。这是使中国古代水手的磁罗盘工作的力，或是如古希腊人发现的那样，琥珀与皮毛摩擦时会产生使人感到触电的力。

带电粒子拥有从粒子向外辐射的电场，就像车轮中的辐条一样。这电场将对它遇到的另一个带电粒子产生一个力，如果两个粒子所带的电荷相反，则会产生我们熟悉的吸引力，而电荷相同则产生排斥力。力场也是赋予岩石、山脉、行星甚至人体硬度的因素。当带电粒子运动时，它们也会产生磁场，我们在磁铁之类的东西中经常"看到"这种磁场。在我

2018 年 8 月 10 日，科学家们使用来自美国国家航空航天局太阳动力学天文台的数据创建了太阳磁场的视觉图。

们的太阳表面，由称为等离子体的带电气体运动引起的磁场会变得非常强大，它们会穿过太阳表面形成太阳黑子。太阳黑子是成对产生的，一个的磁极性为北极，另一个的磁极性

上图 美国国家航空航天局索菲亚平流层红外天文台的天文学家使用偏振光绘制的旋涡星系 M51 的磁场。这些磁场是由电离的星际介质中的电流产生的，就像普通铜线中的电流产生磁场一样。

NGC 1086 星系的磁场。
磁场沿着整个巨大旋臂
排列，直径为 24000 光
年。

为南极，就像玩具磁铁一样。等离子体的运动可以拖动这些磁场，放大它们并使得它们得以影响离太阳更远的区域。

　　原子中的电子通过长程电磁力维系在一起，但由于原子核中所有质子都带正电荷，它们之间的强烈电磁排斥会导致原子核飞散。为了使夸克结合形成质子和中子，并将这些粒子限制在原子核中，需要非常强的短程力，即强核力。强核力由胶子传递。胶子类似于光子，因为它们都没有质量，但与所有由夸克组成的粒子相互作用。与只有 1 种类型的光子不同，胶子有 8 种不同类型。更有趣的是，光子不会相互作用，但胶子会相互作用。这样产生的结果是，光子可以在太

空中传播超远距离以产生电磁力，而胶子产生的力会随着一对夸克之间距离的增加而增强。正是胶子的这一特征将夸克限制在质子内，并且将质子和中子共同限制在原子核内。

　　某些粒子可以衰变成更简单的粒子，这也需要核力。中子在衰变成 1 个质子、1 个电子和 1 个中微子之前，平均可以存在 10 分钟。粒子衰变是自然界中被称为弱核力的第三种力的标志。正如电磁力由光子交换携带而强核力由胶子交换携带一样，弱核力由 3 种称为中间矢量玻色子的粒子携带。如果没有弱核力，恒星将永远无法使氢聚变成氦来支撑自己。此外，超新星将永远无法引爆，无法用碳、氧和铁等新元素

时间的一个维度。只有将一个物体的演化视为一条穿越时空的路径，也就是世界线，而不仅仅是空间本身，你才能准确地解释它的运动和行为。世界线代表粒子在空间中移动时的历史。爱因斯坦的广义相对论也以数学方式表明时空是可以弯曲的，这种弯曲以我们所说的引力这种形式被感知。行星穿过由更大质量的恒星产生的弯曲时空的最短路径，即它的世界线，看起来像一个三维空间中的椭圆，在四维空间中如同开瓶器的螺旋，螺旋轴是沿着时间轴延伸的。在尝试沿着最直的螺旋状世界线运行时，这颗行星对这一弯曲时空的感知是牛顿所界定的普通引力。因此，引力与强核力、弱核力和电磁力不同，它是粒子在弯曲或扭曲的时空运动的结果。目前还没有实验证据表明引力是由粒子（比如引力子）交换携带的，尽管有很多理论证据表明事实可能如此。

上图 定点跳伞依靠引力来确保参与者有一个令人激动的轨迹，这就是参与者穿越空间的历史。在相对论中，这条四维时空轨迹被称为世界线。

来丰富太空。

　　引力是自然界的第四种基本力，人类在数百万年前就已经知道了这种力，但在 400 年前才开始详细研究这种力。一个悖论是，引力是自然界中最弱的力，但同时也是最普遍的力。宇宙中从夸克和电子到恒星和星系，无论多小的物质都会产生这种力，而这种力只会造成吸引。引力的本质是由牛顿在 1666 年提出的，他以数学的精确展示了引力的作用。就像电磁力一样，引力是一种遵循平方反比定律的力，随着物质之间距离变大而减小。这也解释了太阳系中行星之间的规律性，包括它们以椭圆路径绕太阳公转的原因。爱因斯坦在研究相对论时彻底推翻了引力只是另一种力的观念。他于 1916 年发表的广义相对论为引力的存在提供了一种完全不同以往的解释，其中还包括一种对空间和时间的新思考方式。

　　爱因斯坦的相对论指出，描述物体如何运动的相关领域称为时空。这是一个四维空间，包括普通空间的三个维度和

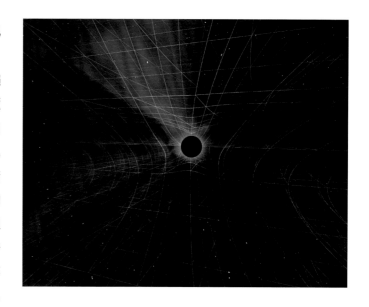

上图 《被黑洞扭曲的时空》是马克·加利克（Mark Garlick）的艺术作品，它也展示了世界线是如何被物体附近的弯曲时空扭曲的。

// 要素三：隐藏的场和力

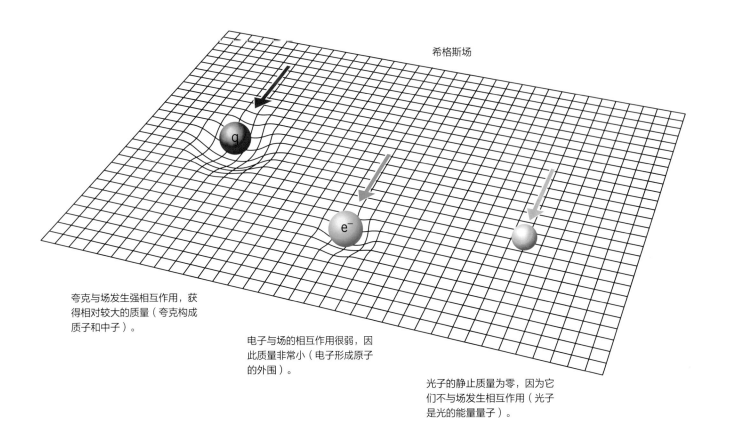

希格斯场

夸克与场发生强相互作用，获得相对较大的质量（夸克构成质子和中子）。

电子与场的相互作用很弱，因此质量非常小（电子形成原子的外围）。

光子的静止质量为零，因为它们不与场发生相互作用（光子是光的能量量子）。

前文关于各种力和物质的讨论中未提及的是极为关键的第二十五种粒子，称为希格斯玻色子。与产生强核力、弱核力和电磁力的 12 种载力粒子不同，希格斯玻色子是真正隐藏在"真空"中的。它与空间中其他物质和载力粒子的相互作用，将使标准模型中的所有粒子具有我们所测量的质量属性。光子和胶子根本不与希格斯场相互作用，因此静止质量为零。电子和中微子会与希格斯场发生微弱的相互作用并获得少量质量。夸克、μ 子和 τ 子与希格斯场的相互作用更强，而中间矢量玻色子在所有粒子中与希格斯场的相互作用最强。当一个载力粒子获得质量时，它产生的力会使其在越来越小的范围内获得这一质量，直到最后，如对于巨大的中间矢量玻色子来说，它们获得质量的范围会缩小至比原子核还小的尺寸。2012 年，使用大型强子对撞机的物理学家宣布检测到了与希格斯场相关的粒子，命名为希格斯玻色

上图 理解希格斯场的一种思路是，它像太空中看不见的糖蜜一样，使粒子的移动更加困难。这种运动的减少，实际上也是粒子惯性的增加，这被视为我们所说的质量。

子，其惊人的质量刚好超过 130 个质子质量之和，但单独由一个基本粒子承载。

物理学家彼得·希格斯（Peter Higgs）和弗朗索瓦·恩格勒特（François Englert）在 1964 年就预言了希格斯玻色子的存在，他们也因此获得了 2013 年的诺贝尔物理学奖。但早在大型强子对撞机探测到希格斯玻色子之前，这种粒子及与之相关的场就已经成为许多关于统一自然界各种力的先进理论的主要内容了。

尽管与嵌在真空中不可见的希格斯场相关的粒子已经被发现，但对于更神秘的第二个自然场——"暗能量"而言，

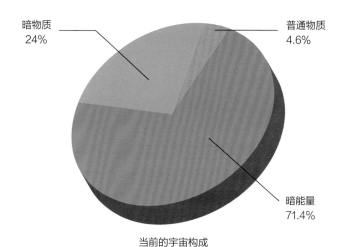

暗物质
24%

普通物质
4.6%

暗能量
71.4%

当前的宇宙构成

左图 当使用来自威尔金森微波各向异性探测器和普朗克卫星的宇宙微波背景辐射数据为宇宙 "称重" 时，天文学家发现了 3 种对宇宙引力场有贡献的物质和能量。令人惊讶的是，以恒星和气体形式存在的普通物质仅占宇宙物质和能量的 4.6%。

下图 星系间的间隔不是随时间发展而线性增加，例如 2，4，6，8，······ 相反，间隔以指数级变化：2，4，8，16，32，······

情况却并非如此。对遥远距离外的超新星爆发的探测表明，如果宇宙膨胀的速度是恒定的，那么暗能量实际上比估计的更加微弱。在我们看来，暗能量似乎离我们更远，但这种情况只有当近期的宇宙膨胀加速时才能发生。另一种探测暗能量效应的方法是仔细研究我们的宇宙在大爆炸中诞生时遗留的火球发出的光。美国国家航空航天局的宇宙背景探测器和威尔金森微波各向异性探测器等航天器，以及欧洲太空总署的普朗克卫星，都使用非常灵敏的无线电接收器来测量宇宙

微波背景辐射的亮度。科学家发现，正如大爆炸宇宙学所预测的那样，宇宙微波背景辐射在整个天空中都非常均匀，但也有非常细微的不规则性。与这些星团演化的详细数学模型做比较，就可以推导出暗能量、暗物质和普通标准模型物质的数量。威尔金森微波各向异性探测器和普朗克卫星测量宇宙微波背景辐射的结果是，宇宙由 4.6% 的普通物质、24% 的暗物质和 71.4% 的暗能量组成。看不见的暗能量场弥漫在太空中，随着宇宙体积的变大而变强，从而导致宇宙加速膨胀。在遥远得难以想象的 1000 亿年后的未来，看不见的暗能量场实际上将会导致星系消解、行星破碎，甚至原子本身在宇宙学家所说的大撕裂中飞散。

12897100 光年

10465300 光年

19559100 光年

// 要素四：空间

要构建一个宇宙，我们需要前三个要素，也需要一个放置它们的场所。那个场所通常称为空间，而在我们的宇宙中，它恰好具有三个维度，并且其范围之大难以想象。数千年来，空间被认为是一个被动的容器，其中盛放着世界的组成成分。甚至直到 18 世纪，牛顿仍将空间视为宇宙中所有事物的固定的、被动的、绝对的参照系，它们的位置和运动可以通过数学来理性并一致地描述。但是到了 20 世纪初，爱因斯坦狭义和广义相对论的成功建立消除了对这样一个预先存在且永恒的牛顿空间的需求。爱因斯坦提出空间实际上是人类虚构的。它是一个更复杂的物理对象的一部分，该对象还包括作为第四维度的时间，从而创造出所谓的"时空"。事实上，爱因斯坦的关于引力的相对论中的时空只是引力场本身的另一个名称，这是因为用于描述时空几何结构的数学符号也用于描述引力场的强度。由于物质和能量可以

距离地球 40 亿光年的 Abell 2744 星系团位于玉夫座。这个巨大的星系团直径约 400 万光年。

产生引力场，空间也是由物质和能量产生的，因此空间并不是作为宇宙中物质和能量的被动容器而预先存在的。事实上，我们宇宙的诞生也带来了空间的诞生。宇宙学背景下的空间只不过是物体之间的距离间隔。根据广义相对论，空间不是一种增长速度受光速限制的物理"事物"。星系等客体嵌在太空中，但它们的运动速度低于光速，而它们之间的空间可以比光速膨胀得更快。

一旦你有了前三个要素，即嵌在真空中的物质、作用力和隐藏的场，你就可以无偿获得空间本身！令人惊奇的是，我们称之为"时间"的神秘事物可能也是如此。

上图 广义相对论认为空间可以在物质存在的情况下扭曲，正如这位艺术家对某一恒星附近空间几何结构的绘图所示。

// 要素五：时间

关 于我们的存在，最难以理解的奥秘是时间的本质。几千年来，哲学家都在试图解释这个似乎势不可挡地从过去流向未来，并建构着我们的生活以及整个物理宇宙中的事件的"东西"究竟是什么。这些思考产生了一些并不多见的但看起来非常直观的关键性见解。其中最广为人知的是牛顿设想的一个可以主控时间瞬间的宇宙"主时钟"，时间从过去流向未来，与物质的行为无关。爱因斯坦的相对论，连同无数的实验结果，却证明不存在这样同步的宇宙时间。运动中的物质都有自己的主时钟，称为固有时，并且固有时不能在整个宇宙中被同步来创建一个宇宙时间。时间和空间一样，仅由物质集合（时钟的集合以及其他物体的集合，甚至包括各种场本身）之间的关系来定义。这迫使我们更仔细地研究时空本身的性质。

时空是我们整个宇宙的基石，它是由无数的世界线定义的，这些世界线在其四维空间内开始和结束，就像漏勺底部的意大利面一样。每条世界线都是一个事件的集合，这些事件通过某种因果关系关联起来，形成一个粒子的历史。事件是当一个粒子与另一个粒子相互作用时时间上的特定时刻和空间上的具体位置，例如当一个光子被一个原子发射出去或吸收进来时，或者当你在某个特定日子和时刻在法国巴黎的埃菲尔铁塔下遇到某人时。每条世界线上的事件都是与该世界线相关联的时钟所传递的特定时间上的瞬间，就像你使用随身佩戴的腕表度量你当前的时间一样。根据相对论，地方时被称为固有时。根据爱因斯坦的广义相对论，世界线的形状共同定义了时空的几何形状，而不是反过来的。把时间和空间合在一起视为一个时空是个理解问题的便利视角，由此看来，世界线上的无数事件所表现的粒子的整个历史都可以一览无余。时空不会随时间演化，它只是作为整体存在。相对论的这种含义被称为爱因斯坦的块宇宙，并给物理学家提出了一个重大问题：如果观察者的历史以他们的世界线表现为从出生的那一刻到死去的那一刻，那么，你正在经历的被称为现在的当前时刻，是如何被单独挑出来的？这也反映了一个事实，即物理学中所有对一个物体或系统的运动和演化进行建模的方程都是通过调用代表时间的变量 t 来实现的。但在这些数学模型中，没有任何地方将"t = 现在"单独列为一个特殊时刻。

更令人困惑的是，我们并不能像感知空间的三维那样感知时间。事实上，我们感知时间和追踪我们的每个现在的唯一方法是参照附近称为"时钟"的其他世界线的集合，它们遵守固有时，并帮助我们跟踪我们所处环境中的变化。如果我们的环境中没有任何变化，那么时间就根本不以一种有意义的方式存在。时空观的一个显著特征是，时间不是构成我们宇宙内容的世界线整体之外的特征。时间只在我们宇宙的时空中出现和存在。

尽管我们在理解时间和空间如何交织方面已经远远超越了古代哲学家，但我们还没能够设法解决物理学家所说的现在问题，或者时间究竟为什么存在这个问题。我们所确切知道的是，就像空间一样，时间是在大爆炸中产生的，并且根据爱因斯坦的相对论，时间是物质和能量的一个特征。因此，时间（和空间）不需要在物质出现之前作为一个独立的要素被创造出来，而是与空间和物质一起诞生的。

爱因斯坦的块宇宙

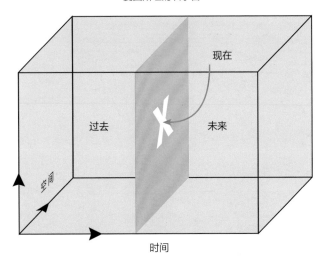

左图 相对论块宇宙的一小部分。我们所说的现在是在某一特定时刻穿过这个块宇宙的一个切片。切片代表所有对象在那个特定时刻在三维空间中位置的时间快照。物理学家暂时不能解释为什么现在比宇宙历史中的其他任意时刻都更重要。

时间是我们的世界最令
人费解的特征之一，但
根据爱因斯坦的相对论，
我们现在可以将其视为
一个在时空领域与三维
空间平等的伙伴。我们
对空间和时间的不同感
知是不相关的。

// 要素六：自然律

一旦我们拥有了宇宙的要素以及容纳它们的空间和时间，我们就会面临一个棘手的问题：我们究竟应该如何确切描述这些要素的相互作用？例如，引力遵循平方反比定律，即当物体之间的距离增加 1 倍时，引力会下降到原来的 1/4。如果距离是原来的 3 倍，引力就会变成原来的 1/9，依此类推。引力遵循平方反比定律，但问题在于为什么是这个定律而不是其他定律？除了说明具体的定律外，我们还必须指定具体的普适常量，例如光速或电子的质量等。举例来说，一个简单的自然律涉及引力，并由牛顿确定的以下方程表示，该方程还引入了一个新的自然界基本常量，即万有引力常量 G。

$$F = -G\frac{Mm}{d^2}$$

自然律包括一系列令人眼花缭乱的精确数学表述，这些表述准确地规定了力在空间和时间上的作用方式、电子在原子内的运动方式以及气压、体积和温度之间的关系。在过去的 200 年里，所有的物理学领域都出现了自然律，每个领域都有自己的一套定律。有时，这些定律会从一个领域跨越到另一个领域。例如，在量子物理学中，已经发现了一组关于电子行为的定律。因为电子是描述各种化学定律的关键原子成分，所以化学和量子物理学密切相关。量子定律帮助化学家预测新的分子的行为，并解释了许多从实验中推导出来的化学定律。

自然律通常必须基于一组物理常量，这些常量在许多不同的现象中具有相同的值。例如万有引力常量 G 的数值，你在预测飞行中的足球的运动或深空中大量星系的运动时，这个数值都是相同的。光速 c 在任何地方对于所有观察者来说都具有相同的值，无论观察者是在等待无线电波到达他们的手机还是在以非常高的速度行进。

对于我们的宇宙而言，我们通过实验和观察得出的定律和普适常量似乎与我们在宇宙中的位置无关，但我们又仿佛存在于令人难以平衡的刀刃上。如果这些定律和常量在不同的位置是不同的，这就意味着在通常情况

自然界的一些普适常量

数 量	符号	值
万有引力常量	G	6.67430×10^{-11} 米 ^{3}/（千克·秒 ^{2}）
普朗克常量	h	$6.62607015 \times 10^{-34}$ 焦·秒
光速	c	2.99792458×10^8 米/秒
元电荷	e	$1.602176634 \times 10^{-19}$ 库
斯特藩 - 玻尔兹曼常量	σ	5.670374×10^{-8} 瓦/（米 ^{2}·开 ^{4}）
真空介电常数	ε_0	$8.854187817 \times 10^{-12}$ 法/米
玻尔兹曼常量	k	1.380649×10^{-23} 焦/开

下，我们的宇宙看起来会与现在的大不相同。这些变化甚至可能使生命本身变得不可能。例如，核力对于原子的存在以及通过核聚变为恒星提供能量至关重要。在我们的宇宙中，强核力大约比电磁力强 100 倍，但如果它再稍强一点，例如强 150 倍，恒星核心的聚变反应就会释放更多的能量，恒星则会爆炸。如果电磁力比现在的强，那么化学反应将需要更多的能量来形成或分解分子。稍微弱一点的力则会使水以外的复杂分子在它们真的把自己摇散架之前就不可能形成。我们生活在一个非常好客的宇宙中，在这里，核力和电磁力非常有利于容纳长寿的恒星，而涉及碳原子的化学让有机生命和 DNA 具备了复杂性。

我们实际上并不知道物理定律从何而来，但有一种可能性是它们是在大爆炸后不久随着宇宙的演化而出现的。除非已经存在空间和时间，否则任何已知的定律都没有丝毫意义。事实上，这些定律甚至可能不是被时间固定的，而是像物质和空间一样，实际上可能会随着时间的推移而演变。所以从某种意义上说，即使是自然律也不是我们需要预先指定的要素，而是一旦物质、空间和时间出现就会存在。尽管如此，物理定律和常量的起源对当今的物理学家来说仍然是个谜。

右图 科学研究发现了许多从数学角度来看十分精确的定律，这些定律几乎是我们在我们的物理宇宙中观察到的所有现象的基础。

// 要素七：多元宇宙

一位艺术家绘制的多元宇宙的一部分；多元宇宙是一个假设的领域，其中存在着所有可能的宇宙。

在所有可能存在的自然律和物理常量当中，为什么我们的宇宙会拥有它那特定的一套定律和常量呢？是否有一些超级自然律，因为一些不为其他宇宙所共享的深层内部逻辑一致性而只允许我们宇宙的自然律和物理常量被选中？我们的宇宙可能是独一无二的，没有其他类型的宇宙可能引发跨越数十亿年的逻辑一致现象，并最终形成有知觉的生命。第二种可能性称为多元宇宙，是指所有其他可能的宇宙实际上都存在。我们发现自己身处我们的宇宙中，是因为它能够滋养生命和意识。我们宇宙的自然律和物理常量看起来很奇怪，只是因为我们在这里感知它们并惊叹它们的独特性。它们的其他可能性将导致无生命或生命静止的宇宙。在任何一种情况下，我们都可以合理地提出更令人困惑的问题：多元宇宙或超自然律从何而来？

可能有一些宇宙"在某处"，它们有夸克，但没有电子。可能有一些宇宙看起来与我们的宇宙几乎完全相同，但唯一不同的是光速是 2.85374×10^8 米／秒，而不是我们宇宙中的 2.99792×10^8 米／秒。我们无法以任何方式与其他宇宙互动，因为它们离我们的宇宙太远了，或者甚至是因为它们与我们的宇宙之间隔着一道我们无法穿越或去收集信息的空间维度的鸿沟，让我们难以企及。对于科学家来说，这是一种非常无助的情况，因为没有实验或观察方法能探测到它们，所以它们的存在实际上超出了科学方法能证明或推翻的范畴。我们所知道的只是我们的存在可能以某种方式部分地解释了为什么我们的宇宙是它看起来的样子，为什么物质会这样运动，为什么力会这样变化，以及为什么自然律和物理常量的形式与值是现在这样的。真正来说，人类和其他生命是隐藏在我们列表中的要素八。

现在让我们将所有这些要素放在一起，看看它们如何创造了我们所见的环绕我们的宇宙！

下图 光的有限速度决定了我们能看多远，但是随着可见宇宙（蓝色球体）的膨胀，我们可见的部分成了一个膨胀更快的更大宇宙中越来越小的一部分。

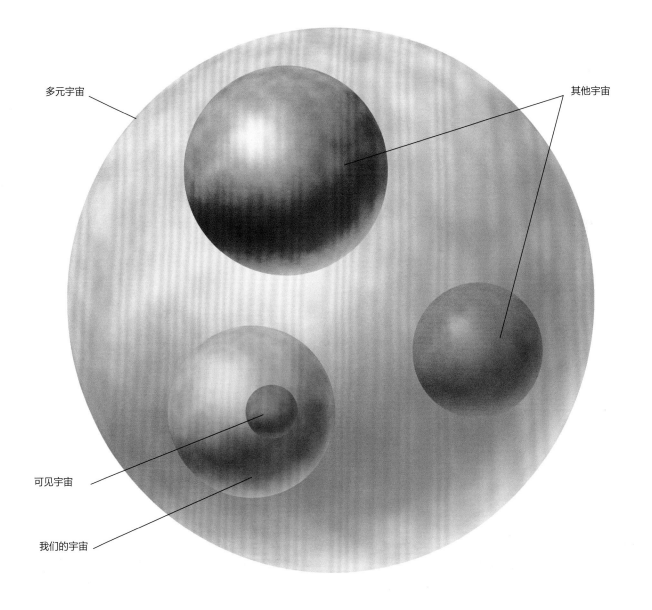

多元宇宙

其他宇宙

可见宇宙

我们的宇宙

探索大爆炸

  前面列出的七个要素构成了一个复杂的特征阵容，用它们可以创作我们宇宙的现代故事。一个多世纪以来，科学家一直致力于将这些要素混合在一起，以深入了解我们的宇宙自138亿年前诞生之后是如何演化的。人类经验中的所有创世故事都有一个时间上的开始。在这一刻发生的事情被一系列令人眼花缭乱的戏剧性变化，以及对我们所说的实际事件本身意义的重新定义所包围。事实证明，在某一刻发生的事情不是时间和空间上的单一事件，而是无数同等重要的时刻。所有这些细节现在都属于宇宙学的学科范畴。

虽然不可能准确地描摹大爆炸的景象，但艺术家仍然勇于尝试展现我们的宇宙从一个创造出了时间、空间和物质的事件中诞生的情景。

// 时间零点

我们什么时候知道我们已经到达了宇宙起源故事的开始？对许多人来说，这个故事始于他们自己的出生，其他任何事都没有任何实际意义。对于人类历史的大部分而言，我们世界的重要历史时间范围是几代人或最多几千年。

研究宇宙的科学方法始于 400 年前，随着恐龙化石的发现，这一时间范围的最远边界被稳步地往前推了数百万年。此后，随着对太阳演化的研究，时间边界又被往前推了数十亿年。对于整个宇宙而言，宇宙学提供了一个框架来探索

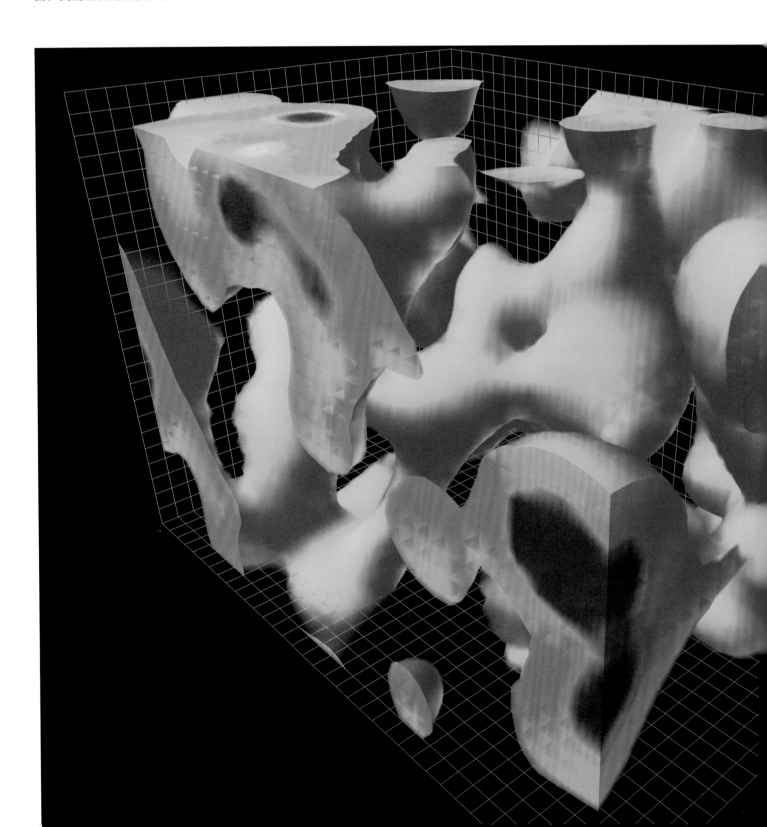

宇宙老化时物质的行为。与此同时，物理学家探索了核物理和量子物理学，阐明了关于物质在不断增加的能量下如何表现的原理和定律。起初，在 20 世纪 50 年代，利用这些原理和定律探测宇宙的早期历史是足够的，当宇宙刚诞生时，它还是一个沸腾的 10 亿摄氏度的等离子体，在大约 20 分钟后产生了原始元素氢和氦。但在 20 世纪 50 年代之后的

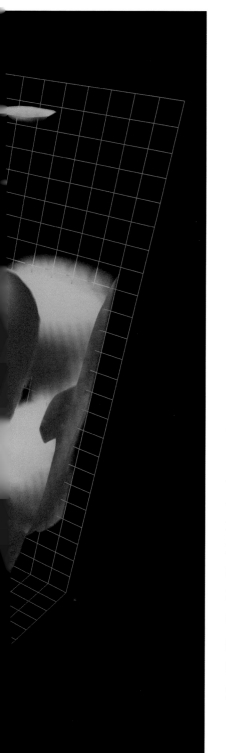

几十年里，随着标准模型在大型强子对撞机等设备中被发现、被完善和进一步探索，这一时间边界被打破了。现在我们有了实验数据，就可以将这一时间边界从最初的第一微秒推回到起源时刻后惊人的万亿分之一秒，但我们仍然没有完全了解关于我们的宇宙如何诞生的故事。对于孩子们的问题："我们到那一步了吗？"我们的回答仍然是一个难以置信和不容置疑的"没有"。

关于我们是如何思考我们宇宙的起源的技术故事，是基于爱因斯坦构建的数学框架，这一框架是用于描述极端条件下的引力、空间、时间和物质的。爱因斯坦的广义相对论在 1916 年发表后不久就被天文学家用来描述宇宙，结果却发现我们生活在一个必须不断在空间和时间上膨胀的宇宙中。这个不断膨胀的宇宙在时间上也有明确的起源，英国宇宙学家弗雷德·霍伊尔（Fred Hoyle）爵士称其为"大爆炸"，结果这一吓人的称谓

无中生有

自从3500多年前在《梨俱吠陀》的古老文本中首次辩论这个问题以来，想象某物（我们的宇宙）如何从无到有一直是人类面临的巨大挑战。令人惊讶的是，在大多数的故事中，宇宙似乎始于"黑暗无形的水域"。但在现代宇宙学的时代，这个问题远没有那么令人烦恼。现在的问题是，在各种"无中生有"的设想中，哪一种设想是正确的或更准确的？自20世纪20年代以来，至少有两种从原子物理学研究中得知的机制可以提供线索，当然还有更多的理论观点，但除了宇宙自身的存在之外，目前没有任何实验证据可以来评估这些理论观点。有一个逗趣的想法是，我们的宇宙是某位研究人员在另一个宇宙中进行了错误的实验的产物。

流行开来并持续到现在。大爆炸宇宙论，一个更恰当的命名是弗里德曼－勒梅特－罗伯逊－沃克宇宙学，已经被数百名物理学家与天文学家发展和完善，现在它为我们提供了一个详细的数学框架来描述宇宙的温度、密度和尺度在时间零点之后是如何变化的。让我们实际上把不断膨胀的宇宙设想为一部"电影"，如我们今天所说，宇宙的年龄为 138 亿年，并且在数学上我们将这部宇宙"电影"随时间倒着放。数学使我们能够把它的温度、密度和尺度计算到我们所想达到的时间上的最远边界。我们甚至可以把大爆炸回溯到时间零点 ($t=0$) 本身，但要格外注意的是，因为大爆炸宇宙学还描述了空间和时间的起源，所以它不允许我们问大爆炸"之前"发生了什么。但是在这一瞬间之后，我们立即接触到了上一章中涵盖的所有要素，从已知标准模型粒子和力的整个范畴，到暗物质和暗能量的神秘作用。但首先我们必须面对困扰我们几千年之久的难题，即一切最初从何而来。

左图 我们所谓"真空"的空间，其实充斥着一层包括引力的量子场，其波动似乎可以从虚无中产生物质和能量。

// 真空涨落和量子隧穿

对原子结构和原子物理学的研究揭示了一个由量子定律支配的世界，这些定律取决于观察者或测量设备如何影响电子和其他粒子的状态。德国物理学家维尔纳·海森堡(Werner Heisenberg)提出的一个有影响力的原理，称为海森堡不确定性原理。我们来看一下它具体是什么。

德国物理学家马克斯·普朗克（Max Planck）提出了光是由我们称为光子的粒子携带的这一观点，并且爱因斯坦在他对光电效应的研究中通过实验证实了这一观点。爱因斯坦的狭义相对论还用他的标志性方程 $E=mc^2$ 表示能量和质量是等效的物理量。现在我们在应用海森堡不确定性原理时遇到了一个有趣的问题。

当我们尝试观察电子在空间中的位置时，我们首先使光子与电子碰撞，然后通过测量被反射的光子的位置来推算电子的位置。要进行精确的位置测量，我们需要使用波长尽可

下图 一位艺术家对真空涨落的描绘。

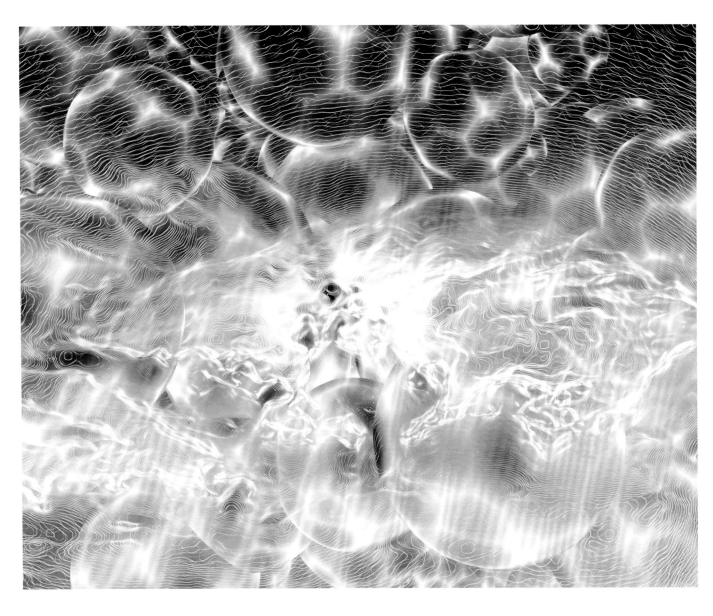

量子隧穿

在量子世界中，即使是物质也具有波状特性。电子既可以被认为是我们很容易想象的点粒子，也可以被认为是散布在空间中的波状物质。20世纪的多项重要实验已经证实了物质具有这种奇异的属性，并且这种属性还导致了另一种涉及这些粒子的能量的重要现象，即量子隧穿。为了了解量子隧穿是怎么回事，我们可以想象一枚试图离开地球的火箭。如果火箭没有足够的速度（能量），它就会因为引力而无法离开地球表面。它会上行一小段距离，但随后会坠落到地面上。在牛顿物理学中，物体必须克服能障（例如，摆脱行星的引力必须达到该行星的逃逸速度）才能成为自由粒子，在火箭这个例子中，自由就是离开地球。在原子世界中，粒子具有波状属性，情况则更为复杂。

根据海森堡不确定性原理，当粒子的能量在空间中的特定位置接近特定能障的能量时，它实际上可以利用其波状属性悄悄冲破该能障。在特定位置，我们无法高度精确地分辨粒子的能量是恰好低于能障能量还是恰好高于能障能量。由于这种不确定性，粒子可以"隧穿"该能障并到达外面，但这在牛顿物理学范畴中是不允许发生的。这种效应是太阳发光的原因。这也是许多现代设备（例如移动电话）的基础原理。对于宇宙学来说，

这意味着在一个能量为空（$E=0$）的空间可以通过量子隧穿从一种状态切换到另一种状态，也就是说成为另一种能量（$E>0$）的填充空间。能量差大时需要的时间很长，但如果能量差小，则需要的时间可能会非常短。这就是一些放射性同位素的衰变半衰期很长，而另一些放射性同位素的衰变半衰期很短的原因。物理学家将我们宇宙中的真空看作一个系统，它可以拥有自己的能量，但这种能量可能不是它所能拥有的最低能量。这意味着真空可以通过隧穿进入一个更低能量状态，这会给我们宇宙中的恒星、行星和生命带来毁灭性的后果。

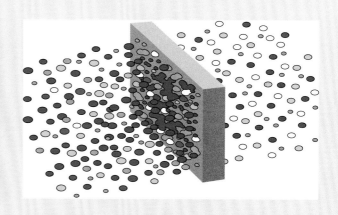

上图 在每一个化学反应中，反应物和生成物之间有能障。量子隧穿可以降低反应所需的能量。

能短的光子。但是这样的光子携带着大量的能量，当它被电子反射时，碰撞会导致我们失去有关电子速度的精确信息。所以，越清楚电子的位置，就越不清楚它的速度。能量和时间也存在类似的关系。越了解一个粒子的能量，就越不了解它具有该特定能量的时间有多长。换句话说，我们不能让能量和时间测量的不确定性同时消失。

因为狭义相对论表明能量和质量通过公式 $E=mc^2$ 相关联，这意味着我们不能说一个容器中恰好有一定质量或一定数量的粒子，除非观察很久很久。也就是说正当我们测量容器中的能量时，粒子可能会突然出现或消失，如果测量的时间太短，我们是不会发现粒子出现或消失的，甚至会发誓说容器实际上是空的。

我们认为，只要将所有原子和其他粒子从一个空间中

取出，就可以创造出一个真空，但海森堡不确定性原理认为，在特定的时间段内，只能达到一定程度的真空。你永远不能说空间完全是空的，除非你在很长的时间内重复测量它的内容。在原子世界中，这就会有全新现象的产生。例如，我们可以让一个电子和它的反物质伙伴正电子突然出现，然后消失，完全是真正的凭空出现和消失，物理学家称之为"真空涨落"。这种现象已经在原子系统中被探测到过，并非什么理论上的虚构。这对于大爆炸宇宙学来说，意味着我们有一种从无到有创造物质和能量的方法。事实上，我们所认为的"无"是宇宙本身存在的引力场，因此在宇宙引力场虚空的时空中，以瞬时变化的曲率形式表现的涨落可以自发地创造以前不存在的物质和能量。这的确是真正从无到有的创造。

// 宇宙发生学

现代物理学中关于宇宙诞生的一些最早的设想称为宇宙发生学，它与气泡宇宙的观念有关。我们的整个宇宙"只是"持续了很长时间的海森堡不确定性原理的真空涨落之一。假设你使用爱因斯坦的公式 $E=mc^2$，并且将宇宙中的每一克物质湮灭成纯粹的能量，称为静质能，那么我们宇宙中可见内容的总静质能是一个巨大的数字（大约 10^{70} 焦耳），并且根据海森堡不确定性原理，它对应的时间跨度短得难以想象（大约 10^{-104} 秒），但是这一计算缺少一个要素。在爱因斯坦的广义相对论中，宇宙的引力场也有它自己的负能量。如果我们的宇宙是完全平衡的，恒星和星系的静质能将被宇宙的引力能量抵消，净能量接近于零。如果是这样，我们的宇宙可能是一个净能量几乎为零的真空涨落，但根据海森堡不确定性原理，它拥有数万亿年的寿命。

我们宇宙的真空涨落从何而来的问题类似于询问原子内部的真空涨落从何而来。对于后者，它们来自嵌入我们宇宙现有时空真空中的电磁场，但对于我们的宇宙而言，它的真空涨落必须来自比我们自己的宇宙更大的时空。物理学家称其为母宇宙，这意味着我们生活在由母宇宙催生的子宇宙中。如果情况确实如此，那么这一母宇宙也可以通过相同的机制产生无数的其他子宇宙。但是母宇宙中特殊的真空涨落看起来绝不像在我们自己宇宙的原子中发现的任何东西。相反，子宇宙的诞生地将在母宇宙的黑洞内。这意味着我们自己的拥有大量黑洞的宇宙，也可能是它自己的子宇宙的母宇宙。根据一种观点，每次我们的宇宙中有黑洞形成时，都会产生一个子宇宙，但我们永远无法看到这一事件是如何发生的。黑洞被一个事件视界包围着，阻止我们观察其他宇宙的诞生。尽管这是一个基于物理学中与真空涨落和黑洞相关的一些概念的有趣故事，但它几乎没有什么能科学地进行测量的东西，所以这个故事超出了科学的范畴，我们无法证明其真伪。

宇宙发生学的另一个观念来自在数学上将所有的力统一为一个超越标准模型的理论尝试，该理论称为弦理论。弦理论认为，标准模型中的粒子根本不是点状的，实际上是穿越时空的一维能量弦。我们将它们视为定域粒子，因

为这些弦的长度只有大约 10^{-35} 米——这个距离也称为普朗克长度。标准模型粒子的弦版本被限制在我们称为膜或"膜宇宙"的三维空间中。这是因为在数学上，它们被描

述为锚定在我们这一特殊膜宇宙中具有两个端点的环。但引力不同，它在数学上由一个闭环表示，因此它可以自由地离开我们的膜宇宙并前往其他地方。为了使弦理论可行，以及将其扩展为称为 M 理论的超弦理论，时空必须是十一维的。这个十一维空间称为体宇宙，它可能包含许多其他独立的膜宇宙，而引力则可以在整个体宇宙中自由

下图 我们可以把我们的宇宙想象成存在于一个由其他气泡宇宙组成的气泡海洋中，每个宇宙都是通过量子层面上的海森堡不确定性原理的作用创造出来的。

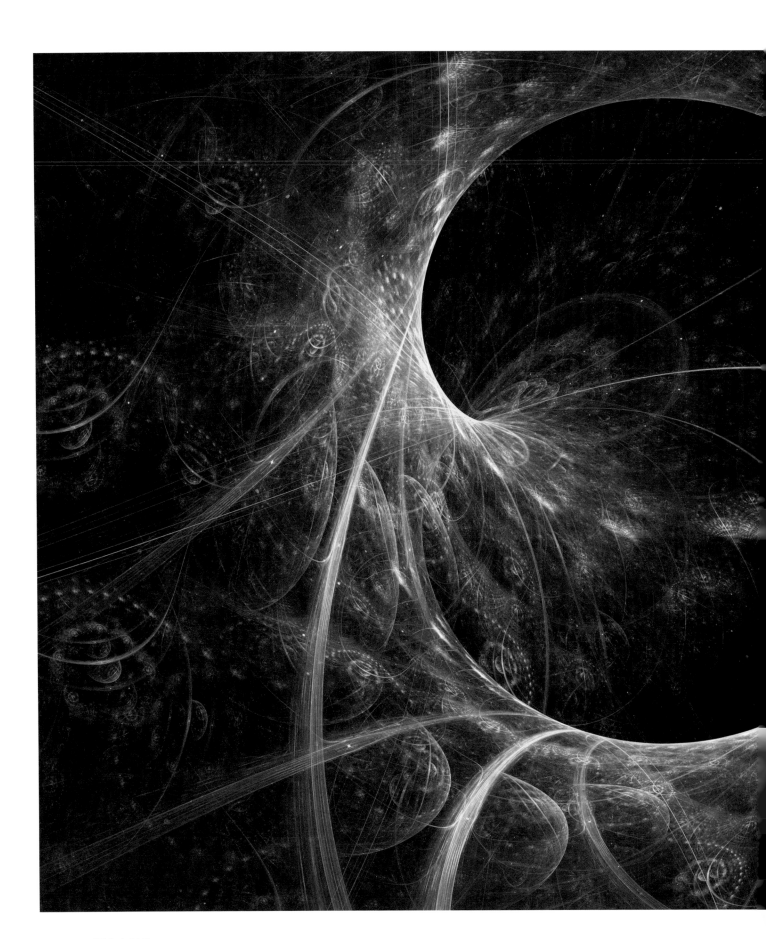

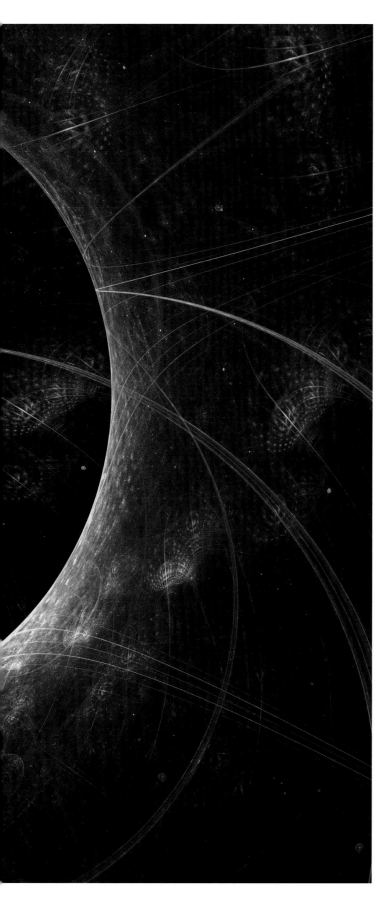

传播。你可以将这些膜宇宙想象成一本厚书中的各个页面。它们被沿着体宇宙的其他维度之一分隔开，因此它们不会相交，即使每个膜宇宙在其三维空间中都是无限的，也是如此。那么我们的宇宙是如何出现的呢？

大爆炸的一种可能性是这些膜宇宙中的两个被彼此的引力吸引并相撞。它们在接触点碰撞时释放了巨大的能量，这使得我们特殊的膜宇宙中的宇宙火球运动起来。我们称这个事件为大爆炸。因为在我们的膜宇宙中，我们是由大约 138 亿年前的这场大火中产生的粒子创造出来的，所以我们无法看到距离我们特殊的膜宇宙 138 亿光年以上的地方。与之前的母子宇宙的概念不同，这一设想可以在现实中通过测试来验证。这一切都取决于弦理论是否是关于物质和引力的正确理论。弦理论依赖于许多现象，包括正在用欧洲核子研究中心的大型强子对撞机等设施寻找的新型粒子。如果没有发现预测的现象，就不能相信弦理论为我们提供了对我们熟悉的世界的准确描述，更不用说如何创造宇宙的想法了。迄今为止，经过 10 余年的研究，大型强子对撞机一直无法证实标准模型粒子相互作用的能量中存在超对称性，而超对称性作为弦理论的一个关键特征，被当作标准模型粒子相互作用的一个重要的新特征。

归根结底，我们目前不知道是什么导致了大爆炸，更不用说有方法来证明这一事件是以我们理论上想象的方式在现实中发生的。幸运的是，虽然我们对大爆炸的起因没有多少认知，但关于紧接着发生的事情，我们已经了解了很多。在远古时代，"紧接着"意味着 10 亿年，但如今，我们能在一定程度上准确地探测大爆炸后 10^{-15} 秒时发生的事件。

左图 一位艺术家对于弦理论的想象。

// 大爆炸

天文学家从各种观测中推断，大爆炸发生在大约 138 亿年前。广义相对论预测，我们宇宙的时间和三维空间起源于大爆炸。在大爆炸之前什么都没有——甚至时间本身也不存在。此外，从有关我们宇宙内容的探讨中，我们了解到，在大爆炸之后不久，所有自然律和物理常量都或多或少地固定为它们现在的形式。没有人知道这是如何发生的。如果你相信多元宇宙理论，那么我们的定律是随机选择的，而我们的宇宙只是幸运的宇宙之一，进化出了有生命、能感知、能够提出这些问题的生物。可能有数以万亿计的其他宇宙得到的是物理常量和自然律的不幸组合，它们因为存在时间太短而不足以让恒星、星系、行星和有机分子进化，或者更糟。

依据广义相对论，大爆炸宇宙学开始于物质和能量在空间中扩散并随着宇宙不停歇地膨胀而迅速冷却。大爆炸之后不久，当宇宙年龄几乎只有 10^{-43} 秒时，宇宙中充满了由光子和其他粒子组成的炽热的等离子体，这些粒子是由宇宙引力场的"虚无"中的真空涨落产生的。关于这一时刻的一些模型预测，一些粒子的质量大得不可思议，单个粒子的质量可能是单个质子质量的 10^{19} 倍。事实上，它们可能与量子黑洞具有相同的特性。当今的任何技术都无法使粒子的质量达到这个数量级，因此除了理论上的猜测之外，我们不知道这些粒子是否存在过。

宇宙历史中从 0 到 10^{-43} 秒这个时间段被称为普朗克时期，因为它所有的关于距离、温度、时间和密度的基本度量都是通过以正确的方式简单地组合 3 个基本物理常量（光速 c、普朗克常量 h、万有引力常量 G）来定义的。此时宇宙的温度几乎超出想象，但可以计算出来已经在 10^{32} 摄氏度左右。物质的密度可能高达 10^{96} 千克 / 米^3。光能传播多远？你能"看到"的最远距离是宇宙年龄乘以光速，大约是 10^{-35} 米。在这样的密度下，仅一个超大质量粒子就能占据你看到的整个三维空间。事实上，宇宙中有无数的量子黑洞形成和消失，所以宇宙那时是一个能量大锅，也是一个疯狂变化的

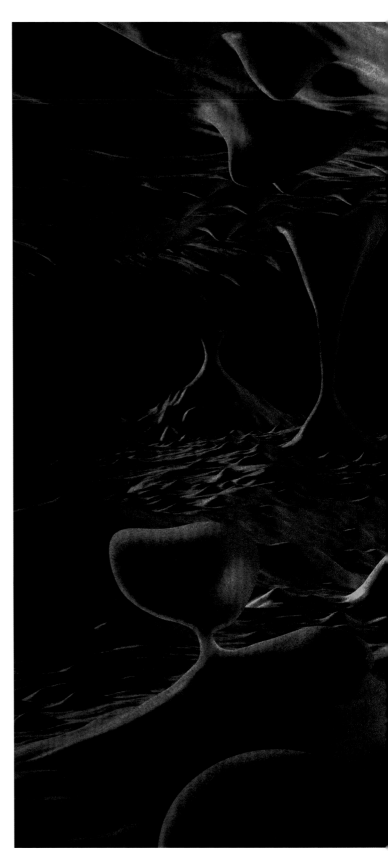

右图 一位艺术家对原始量子气泡的描绘，我们的宇宙在其中一小片区域中以气泡的形式出现。

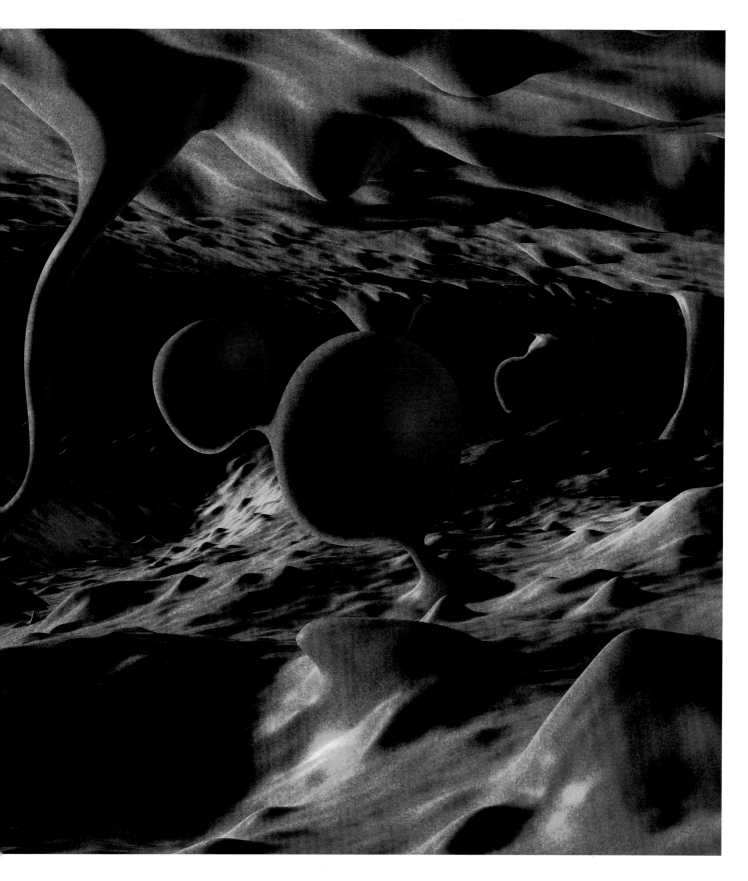

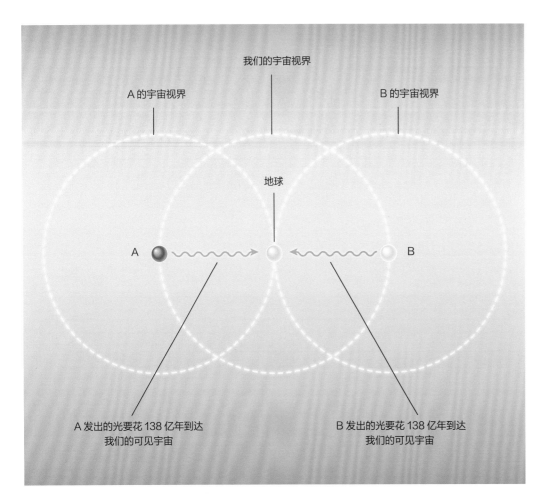

A 的宇宙视界 　　我们的宇宙视界 　　B 的宇宙视界

地球

A →〜〜〜→ ←〜〜〜 B

A 发出的光要花 138 亿年到达
我们的可见宇宙

B 发出的光要花 138 亿年到达
我们的可见宇宙

上图 138 亿年后，物体 A 和 B 发出的光终于到达地球。尽管对于 A 和 B 来说地球是可见的，但在宇宙年龄达到 270 亿年之前，它们相互之间是不可见的。宇宙中的每一个物体都处于自己可见的宇宙视界的中心，这是大爆炸宇宙学的一个独有特征。

空间几何体。

宇宙的膨胀以令人难以置信的速度进行，因此在大爆炸后大约 10^{-36} 秒，宇宙的直径扩大了大约 3000 倍；温度已降至约 10^{29} 摄氏度；真空涨落产生的最大粒子的质量约为质子质量的 10^{15} 倍；相距 10^{-35} 米的粒子之间的距离扩大至 3000 倍，为 3×10^{-32} 米。根据大爆炸模型，宇宙的膨胀导致了一个非常重要的特征：我们可见的宇宙只是一个更大的不可观测空间的一小部分。这被称为宇宙视界效应。

如果光在大爆炸的瞬间开始它的旅程，那么我们可见宇宙的大小会受到光可传播距离的限制。在大爆炸后 10^{-36} 秒，光的传播距离约等于 $3\times10^8\times10^{-36}$ 米，即 3×10^{-28} 米。如果

两个粒子 A 和 B 在大爆炸开始相距 10^{-30} 米，到大爆炸后 10^{-36} 秒，它们将会相距 3×10^{-27} 米。但是光只能传播 3×10^{-28} 米，所以 A 和 B 相距太远，光无法在它们之间传播，这样两个粒子都会有一个半径为 3×10^{-28} 米的可见宇宙围绕着它们，称为视界。当前，我们的可见宇宙半径为 138 亿光年，但从大爆炸开始，仍有许多包含星系和恒星的宇宙存在于距离我们 138 亿光年以上的地方。自从物体发出的光从大爆炸开始它的旅程以来，它仍在向我们传播的路上。如果再等 10 亿年，根据光的传播距离，我们将开始看到现在距离我们 148 亿光年的物体发出的光。当然，我们看到的将是这些物体在 148 亿年前的样子。

大约大爆炸后 10^{-36} 秒，宇宙初始膨胀期结束时，我们能看到的最远距离是 3×10^{-28} 米，我们的可见宇宙开始变得拥挤，但空间中的物质的密度仍然是难以想象的 10^{85} 千克 / 米 ^{3}。我们不知道那时存在什么形式的物质，只知道无论正在发生什么，宇宙引力场中巨大的真空涨落都能产生质量非常大的粒子，如果它们真的能存在的话。这一领域的物理学超出了标准模型的范畴，无法详细描述，目前仅在最高达 10^{15} 摄氏度的条件下被测试过。然而，自 20 世纪 70 年代以来，物理学家一直致力于寻找一种方法来统一标准模型中的三种力，形成包含各种理论的大统一理论。这些理论对宇宙现象做出了非常相似的预测。

大统一理论模型预测，在 10^{29} 摄氏度下，强核力的强度将变得与电磁力和弱核力相近。此外，标准模型中的所有 25 种基本粒子都完全没有质量，就像当前我们熟悉的光子

和胶子一样。标准模型还将首次被一个假设的超大质量粒子新家族加以补充，物理学家称之为 X 轻夸 [玻色] 子和 Y 轻夸 [玻色] 子。这些粒子的单个粒子质量大约是单个质子质量的 10^{15} 倍。在大爆炸后 10^{-36} 秒，真空涨落将大量产生这些粒子及其反粒子。此时宇宙中只存在两种截然不同的力：引力和大统一理论统一的力。就像在标准模型中希格斯玻色子赋予其他粒子质量一样，在大统一理论世界中，有一个超大质量希格斯玻色子对强核力做着同样的事情。希格斯场在空间中无处不在，而希格斯场中的真空涨落会产生超大质量的希格斯玻色子，这些玻色子与 X 轻夸 [玻色] 子和 Y 轻夸 [玻色] 子相互作用，也赋予它们质量。随着宇宙膨胀并持续冷却，一切都在顺利进行着，直到达到一个能量阈值。这个值很像在 0 摄氏度（32 华氏度）时将液态水（高能量）与固态冰（低能量）区分开的温度阈值。这是一个对我们来说非常幸运的阈值，但对于整个宇宙却产生了灾难性的影响。

下图 宇宙从大爆炸开始成长。

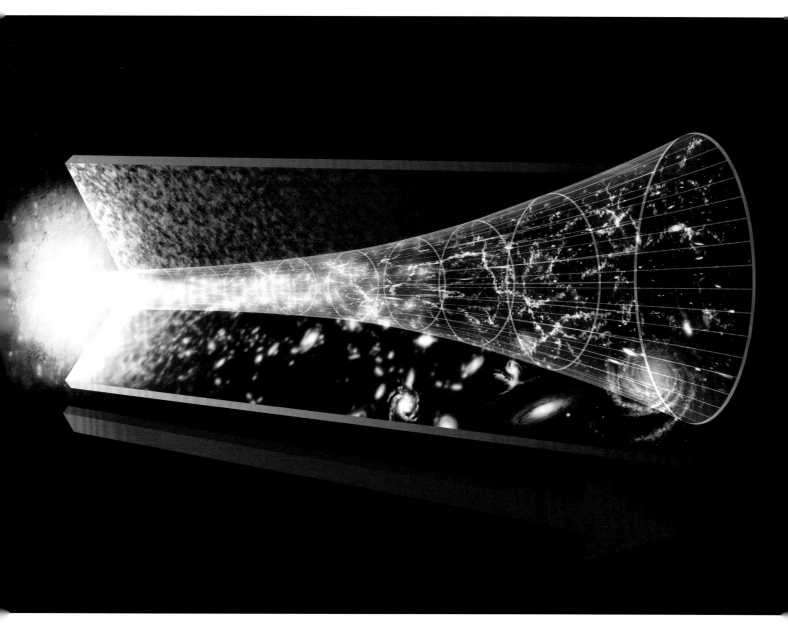

// 暴胀与可见宇宙

大爆炸后从大约 10^{-36} 秒到 10^{-34} 秒的时间段是形成当今宇宙的最关键时期之一。这一时期发生的事件细节可以用天文学家提出的暴胀宇宙学来进行描述，它是物理学家阿兰·古思（Alan Guth）和安德烈·林德（Andre Linde）在 20 世纪 80 年代初期发展起来的理论。一切都从超大质量的希格斯场，或者可能是它的"表亲"的暴胀场开始。希格斯场 / 暴胀场的能量大小取决于希格斯玻色子 / 暴胀粒子如何相互作用，而随着宇宙的膨胀和冷却，这种能量会发生巨大变化。该场有两个"最低"能量状态。第一个最低值出现在大爆炸后 10^{-36} 秒之前存在的极高温度下。随着宇宙的膨胀和冷却，该场的一些区域处于较低的能量状态，

这也恰好是一个最低能量状态，就像乘坐过山车时处于两个高峰之间的底部一样。

为了从较高的能量状态过渡到较低的能量状态，希格斯场 / 暴胀场必须经历一个量子隧穿事件，这导致宇宙的规模呈指数增长。在大爆炸后 10^{-36} 秒之前，每当宇宙年龄增长 1 倍，宇宙的规模就会扩大 1 倍。但是在暴胀膨胀期间，宇宙大约每 10^{-36} 秒扩大 1 倍，因此在大爆炸后 10^{-36} 秒到

下图 在一杯香槟中形成的气泡，这类似于在早期宇宙快速暴胀的时空中形成无数气泡宇宙。我们的可见宇宙的大小将如同这些香槟气泡中的一粒尘埃。

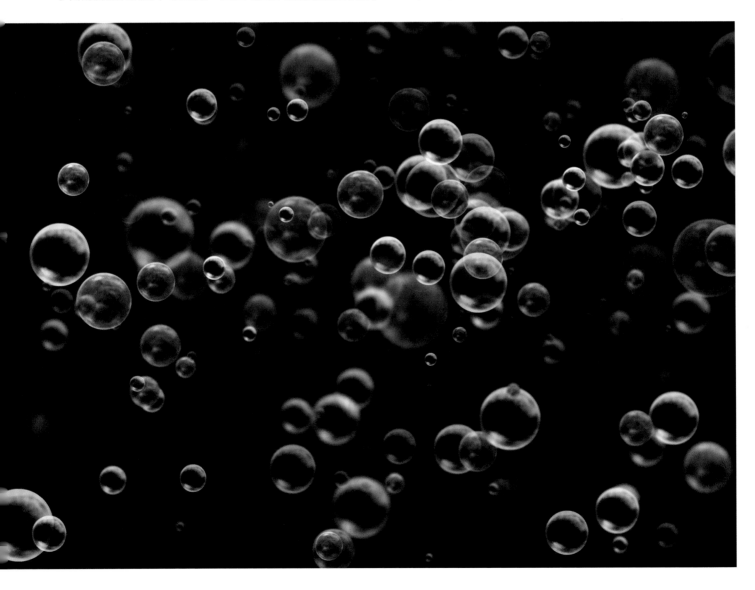

上图 自暴胀结束以来膨胀了 200 倍的一个宇宙的密度变化 3D 渲染图（颜色越明亮表示密度越大）。

10^{-34} 秒之间，宇宙经历了 100 次规模的倍增。这本可以使宇宙急剧冷却到接近绝对零度，但是，在量子隧穿事件结束，该场最终达到其新的最低能量状态时，它将宇宙重新加热到了接近大爆炸后 10^{-36} 秒时的温度，释放出大统一理论风暴，超大质量希格斯玻色子在太空中涌现。这时，即大约大爆炸后 10^{-34} 秒，宇宙的规模不再仅有约 10^{-31} 米；由于经历了 100 次规模的倍增，宇宙膨胀到了 $10^{-31} \times 2^{100}$ 米，即 0.1 米的规模，这与一个葡萄柚的大小相当。那时整个宇宙是一个沸腾的大统一理论粒子的大锅，温度仍然接近 10^{29} 摄氏度。

从较高真空（称为假真空）到较低真空（称为真真空）的过渡类似于液体中气泡的形成。每个气泡都是一个正在膨胀的真真空区域，正如大爆炸理论所预测的那样，但在气泡之间存在一个假真空，它仍在试图通过量子隧穿进入真真空。

这意味着在其中一个会成长为我们宇宙的那些气泡之间，有一个呈指数级膨胀的空间正在非常迅速地将气泡分隔开，使它们之间产生超远的距离。此外，在这些真空气泡内产生的粒子并没有在它们可用的空间中匀称地扩散，而是根据各种量子规则分别聚集在一起。到 138 亿年后的如今，据暴胀宇宙学预测，我们仍然可以在我们自己的宇宙气泡的小角落里看到这种暴胀量子块的痕迹。我们可以从宇宙中最大结构（例如星系和星系团）的分布方式中窥见这种痕迹。惊人的是，从量子物理学角度看，大爆炸为我们在更大的尺度上观察我们今天的宇宙的方式上，留下了跨越宇宙的印记。

// 火球辐射

在暴胀期,我们的宇宙在规模上呈指数级膨胀并进入真真空,大统一理论预测,空的空间本来会充满大量 X 轻夸 [玻色] 子和 Y 轻夸 [玻色] 子及其反粒子,以致对于每个轻夸[玻色]子,恰好只有一个反轻夸[玻色]子和它对应。在其中一段时间,这些粒子对中的一对一旦从超大质量的希格斯场/暴胀场中产生,这对粒子就会被毁灭,因此宇宙在这段时间处于创造和毁灭的微妙平衡中。但是随着宇宙继续膨胀和冷却,不再有任何可用的能量来持续从太空真空中生成这些粒子-反粒子对。

如果没有任何其他助力,平衡将彻底被打破,因此宇宙中所有的轻夸 [玻色] 子和反轻夸 [玻色] 子都将完全消失。它们将被成对的光子所取代,每个光子都携带与单个 X 轻夸 [玻色] 子或 Y 轻夸 [玻色] 子一样多的能量。宇宙原本应从那时起以光子气体的形式演化,没有任何遗留的物质来形成原子、恒星和星系。这显然不是我们生活的宇宙,所以一定是发生了什么事情,从而改变了物质-反物质的平衡。

现今,我们可以测量大爆炸遗留下来的宇宙背景辐射中的光子数量,并将其与宇宙中构建我们周围恒星和星系的夸克的数量进行比较。答案是,在我们的宇宙中,大约每 100 亿个光子对应 1 个夸克,可能在其他地方也是如此。这意

味着暴胀刚结束时,不是有 50 亿个粒子和 50 亿个反粒子要湮灭成 100 亿个光子和 0 个剩余的物质粒子,而是有 50 亿个外加 1 个物质粒子和 50 亿个反粒子,它们湮灭后产生 100 亿个光子和 1 个物质粒子。物理学家不知道标准模型或由大统一理论扩展而来的理论如何实现如此微小的百亿分之一的不平衡,找到这个反物质之谜的答案是现代天体物理学最紧迫的研究难题之一。不过令人惊讶的是,尽管尚未解决这一难题,我们的大爆炸故事仍在继续。我们今天对宇宙的观察只与剩余的物质以及它如何随时间演化有关。

一旦暴胀结束,我们达到空间被宇宙背景辐射和微量物质填满的状态,宇宙持续地膨胀并进一步冷却,直到 X 轻夸 [玻色] 子和 Y 轻夸 [玻色] 子开始衰变,但这一次是在温度更低的宇宙中,它们无法得到补充。这些大质量粒子衰变为标准模型中的夸克和轻子,但在低温下,标准模型中的希格斯玻色子是没有质量的,因此标准模型中所有的夸克和轻子也是没有质量的,并且基本上以光速在空间中旅行。这涉及标准模型中的物质,但我们仍然不知道暗物质是如何在这个故事中出现的,因为我们不知道它们可能是什么类型的粒子。我们所知道的是,它们通过引力与标准模型中的物质相互作用,而不是通过其他方式。暗物质的起源是现代宇宙学故事中缺失的一章,但关于物质的故事在暴胀之后以及接下来的 100 万年里与暗物质无关,因为暗物质只通过非常微弱的引力与物质相互作用。据我们所知,暗物质的力量还不足以破坏大爆炸后最初 10 分钟内发生的任何核物理现象。

在大爆炸后 10^{-34} 秒暴胀结束后,大统一理论预言了一个非常悲惨的故事,即除了标准模型中的已知粒子外,没有新形式的粒子产生。物理学家称之为粒子沙漠。但是如果弦理论被证明是正确的,那么确实会有新类型的粒子填充这段时期。同时,随着宇宙继续膨胀和冷却,还有许多标准模型粒子填充不同的时期。其中最重要的是弱核力和电磁力最终成为完全不同的力的时候。根据标准模型,这发生在大约

下图 虽然物质和反物质代表物质这枚硬币的两个面,但出于尚未被弄清楚的原因,宇宙"翻转了"这枚硬币,这样每 100 亿个反物质粒子就会对应 100 亿个外加 1 个物质粒子。

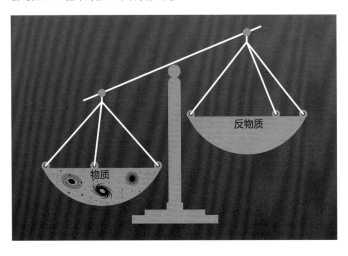

右图 描绘大爆炸和尚未发现的暗物质粒子的概念图。暗物质被认为是在大爆炸之后形成的。

1000 万亿摄氏度的温度下，而大爆炸宇宙学预测这个温度出现在宇宙年龄大约为 10^{-10} 秒时。

当前的设备，如欧洲核子研究中心的大型强子对撞机和美国布鲁克黑文国家实验室的相对论性重离子对撞机使我们能够探索宇宙中存在于大爆炸后 10^{-13} 秒和大爆炸后 10^{-6} 秒之间的能量状况。通过重现当时发生的各种高能碰撞，物理学家可以研究标准模型粒子是如何相互作用的。最新的发现之一是一种新的物质状态，称为夸克胶子等离子体。当夸克和胶子在夸克正要组成我们熟悉的质子和中子之前的时间里表现得像气体中的粒子时，物质就处于这种状态。一旦宇宙在大爆炸后大约 10^{-6} 秒时冷却到大约 10 万亿摄氏度以下，这一状态就结束了。

右图 大型强子对撞机是一个巨大的粒子加速器，其环状隧道长 27 千米，质子在里边以接近光速的速度撞击，科学家借此发现新的基本粒子并测试物理学标准模型。

下图 美国布鲁克黑文国家实验室相对论性重离子对撞机中夸克胶子等离子体的计算机视图，它代表了当我们的宇宙的年龄只有 10^{-6} 秒时物质的状态。

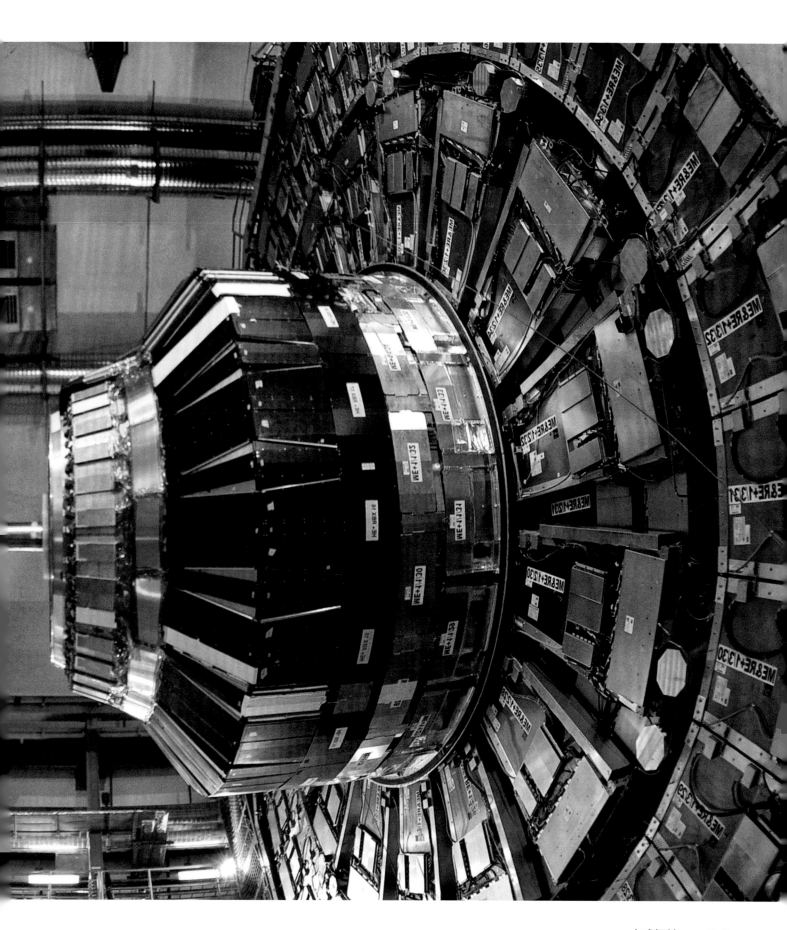

// 核合成时代

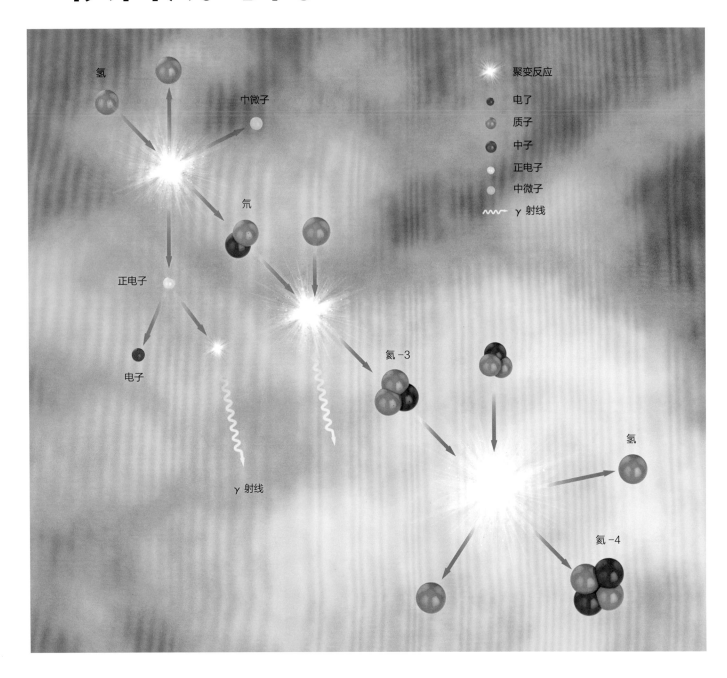

图例：
- 聚变反应
- 电了
- 质子
- 中子
- 正电子
- 中微子
- γ 射线

氢
中微子
氚
正电子
电子
γ 射线
氦 -3
氢
氦 -4

下一个重要的时期是大爆炸后大约 1 秒开始的核合成时代。宇宙背景辐射的温度约为 100 亿摄氏度；自暴胀期结束以来，我们的宇宙已经不停歇地膨胀到了巨大的规模。在暴胀期结束时出现的包含我们宇宙的气泡，那时直径大约 1 米，但到了大爆炸后 1 秒时，直径变成了大约 3 光年。可是因为此时宇宙年龄只有 1 秒，所以我们能看到的最远距离也只有 1 光秒。在比例模型中，如果我们画一个半径是地球半径的圆来代表此时我们的宇宙气泡，那么光的视距将只是

上图 2 个氢核聚变形成 1 个氚核、1 个正电子和 1 个中微子。正电子很快遇到 1 个电子，它们相互湮灭，只剩下能量。氚核继续与另一个氢核聚变形成氦 -3。在最后一步，两个氦 -3 核聚变形成氦 -4 核和 2 个氢核。

一个苹果的直径。在这个地球大小的模型中，宇宙的温度和内容将是相同的——相同的标准模型，相同的自然律与相同的物理常量。在这个更广阔的宇宙中只有一个苹果大小的小角落里，我们能够看到的只是从大爆炸中产生的更大宇宙气

泡的很小一部分。当前，这个气泡已经膨胀到直径 1000 多万亿光年了，但我们只能看到大约 138 亿光年的可见宇宙的内容。

核合成时代是创造我们可见宇宙内容的关键时期，因为正是在这个时期，原始元素氢、氦、锂和氘从当时存在的原始质子和中子中被创造出来。但是这个通过碰撞创造内容的过程正在进行的是一场它永远赢不了的比赛。将粒子聚合在一起需要高温和高密度，但宇宙的膨胀无情地导致了温度下降和密度变小。

在大爆炸后 2 分钟时，宇宙的密度约为 10^{-4} 千克 / 米^3，物质的温度约为 10 亿摄氏度。到大爆炸后约 20 分钟这一时期结束时，温度仅为 3 亿摄氏度，密度已降至 10^{-10} 千克 / 米^3。我们比较一下，充满整个宇宙空间的等离子体中的质子、中子和电子的密度已经接近 70 千米高度的地球大气层的密度。到大爆炸后的 20 分钟时，这些粒子的密度与国际空间站轨道下方 200 千米大气层的密度接近。

在核合成时代开始时，质子与中子的比例约为每 5 个质子对应 1 个中子。许多自由质子（氢原子核）能够与可用中子结合形成氘核。起初这是一种脆弱的结合，因为周围有足够多的自由粒子将这些氘核炸开。但随着宇宙继续冷却，形成和破坏之间的初始平衡转移到了持续存在的氘核上。与此同时，氘核与周围的中子和质子碰撞形成氚核（氦的同位素，具有 2 个质子和 1 个中子），然后形成氦核（具有 2 个质子和 2 个中子）。氦核甚至有一定能力获得质子和中子并形成锂核（具有 3 个质子和 4 个中子）和铍核（具有 4 个质子和 3 个中子）。事实上，铍是在一个锂中子衰变成质子时形成的。

形成比铍核质量更大的原子核的过程突然结束，因为宇宙现在的温度太低了，自由质子无法克服锂核或铍核的斥力。元素周期表中其他所有元素的积累，包括生命所必需的碳和氧，必须等待宇宙演化中出现其他机会。到大爆炸后 20 分钟时，从氢到铍的更多原始元素的形成结束了。此时不在原子核内的剩余自由中子均迅速消失。1 个自由中子如果被放置大约 880 秒就会衰变成 1 个质子、1 个电子和 1 个中微子。从宇宙整体来看，在大爆炸后第一年年底原始物质应该由 24% 的氦、76% 的氢和远低于 1% 的氘与锂组成，这些元素是大量存在的，它们就是创造所有我们熟悉的恒星和星系的基本物质。在宇宙背景辐射中，每个夸克仍然对应 100 亿个光子，此外，由于所有衰变和其他涉及弱核力的相互作用，在宇宙流动的中微子的宇宙背景辐射中，1 个中微子大约对应 4 个宇宙背景辐射光子。

下图 大爆炸理论预测了氦、氘和锂等轻原子的丰度。这些元素的丰度（纵轴）在今天可以测量，并且取决于物质的密度（横轴），它可以用来测试大爆炸理论的准确性。

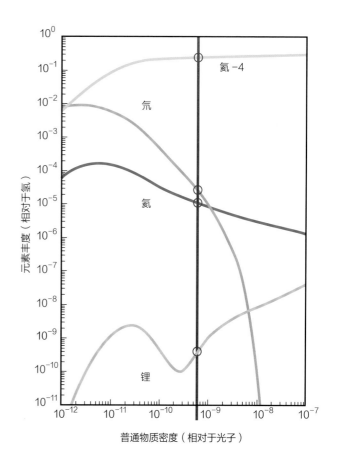

// 宇宙背景辐射时代结束

核合成时代的结束预示着一个很长的宇宙阶段的开始，该阶段并没有发生什么大事件。宇宙继续膨胀，而随着宇宙的密度越来越小，物质的温度也在不断地降低。由于物质粒子仍然带电，它们继续与宇宙背景辐射发生强烈的相互作用，使此时的宇宙演化类似于弹珠游戏，宇宙背景辐射光子在粒子之间跳跃。宇宙背景辐射光子与质子、原子核和众多自由电子碰撞，向所有可能的方向散射，光子失去能量。与此同时，物质粒子与光子碰撞，物质粒子获得能量。这个过程保持着平衡状态，因此物质粒子和光子像气体一样运动。在该阶段的大部分时候，光子占了上风。

早期宇宙有两种气体压力：来自宇宙背景辐射光子的压力，以及来自物质粒子的压力。在宇宙暴胀之后的全部历史时期，是宇宙背景辐射的压力决定了宇宙膨胀的速度。但是光子气体的行为略微不同于物质粒子气体。由于空间体积的增加和空间的膨胀导致波长变长，宇宙背景辐射压力比物质压力下降得更快。在大爆炸后大约 16000 年时，两种压力变得相等，此后物质压力开始变得更加重要，宇宙的膨胀开始由物质压力来驱动。此时，宇宙温度已经下降到大约 100 万摄氏度。宇宙仍然是密度约为 0.001 千克 / 米^3 的原子核和光子的等离子体，光子和原子核仍在碰撞，但宇宙背景辐射光子正在迅速失去对物质的控制。

当宇宙冷却到大约 3000 摄氏度时，电子能够被质子和氦核吸引，使得宇宙历史上第一次出现中性原子，但是宇宙背景辐射光子不再有足够的能量再次将物质粒子撞击成等离子体状态。此时，宇宙在宇宙背景辐射光下变得透明，导致中性物质和宇宙背景辐射光子从此在宇宙历史中各行其道。宇宙中物质演化的这一关键事件发生的时期被称为重组时代，即大爆炸后大约 38 万年的历史时期。

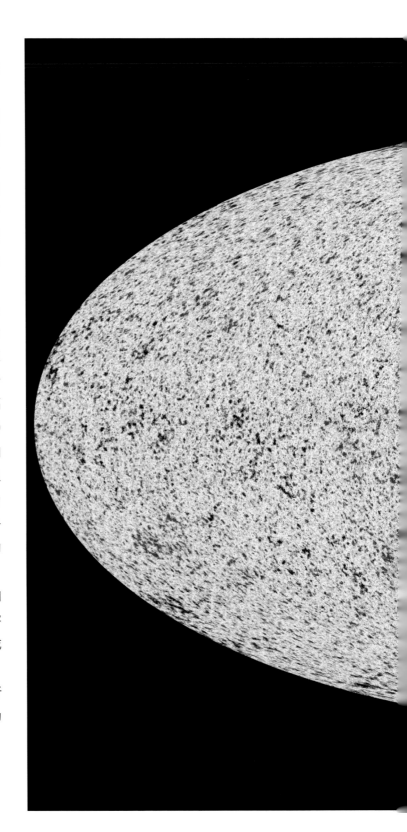

下图 根据普朗克卫星传回的数据绘制的宇宙背景辐射图，显示了大爆炸后大约 38 万年时宇宙背景辐射的不均匀性，这后来导致了现代宇宙中星系团的形成。

// 暗物质结构

在大爆炸后大约 38 万年重组时代结束时，物质的温度约为 3000 摄氏度。如果你身处那时的宇宙，在你目之所及的每一个方向，你都会看到宇宙中"空的空间"像一颗表面呈暗红色的恒星一样发光，但这种状态不会持续太久。随着宇宙在物质压力的持续作用下膨胀和冷却，当你来到大爆炸后 200 万年的宇宙时，宇宙光芒已经消失在人眼中，

开始迅速离去，首先进入红外光谱，然后进入远红外光谱。在该时期，原始的氢气和氦气温度非常低，其光波长位于不可见光的波长范围内。天文学家称这是宇宙黑暗时代的开始，但这远非宇宙历史上的暗淡时期。正是在这个时期，暗物质开始占据上风。

自暴胀期以来，暗物质一直作为沉默的伙伴与我们同在，

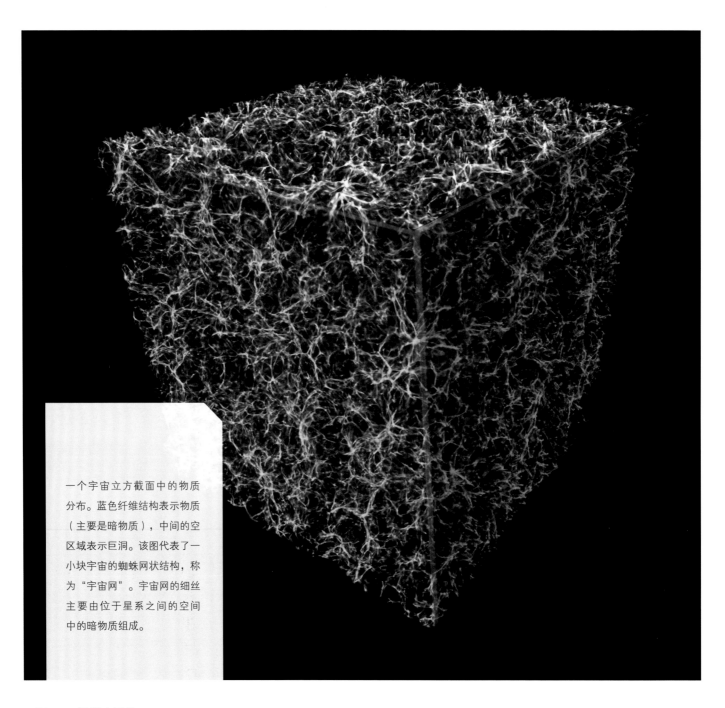

一个宇宙立方截面中的物质分布。蓝色纤维结构表示物质（主要是暗物质），中间的空区域表示巨洞。该图代表了一小块宇宙的蜘蛛网状结构，称为"宇宙网"。宇宙网的细丝主要由位于星系之间的空间中的暗物质组成。

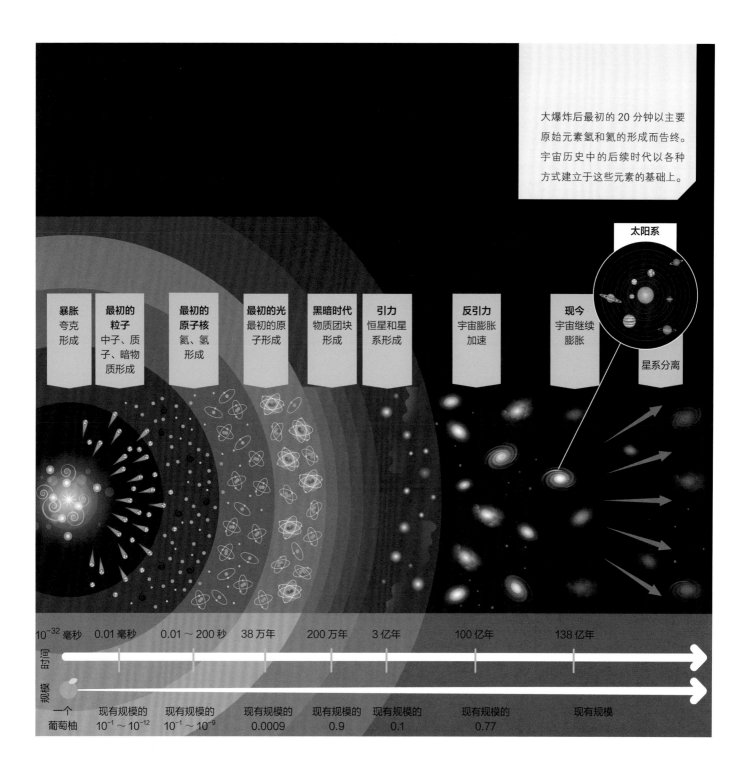

大爆炸后最初的 20 分钟以主要原始元素氢和氦的形成而告终。宇宙历史中的后续时代以各种方式建立于这些元素的基础上。

暴胀	最初的粒子	最初的原子核	最初的光	黑暗时代	引力	反引力		现今
夸克形成	中子、质子、暗物质形成	氦、氢形成	最初的原子形成	物质团块形成	恒星和星系形成	宇宙膨胀加速		宇宙继续膨胀

太阳系

星系分离

时间	10^{-32} 毫秒	0.01 毫秒	0.01～200 秒	38 万年	200 万年	3 亿年	100 亿年	138 亿年

| 规模 | 一个葡萄柚 | 现有规模的 10^{-1}～10^{-12} | 现有规模的 10^{-1}～10^{-9} | 现有规模的 0.0009 | 现有规模的 0.9 | 现有规模的 0.1 | 现有规模的 0.77 | 现有规模 |

它在决定宇宙的形态方面起着隐形的作用。暗物质仅凭借引力进行相互作用，但直到现在才开始对普通物质产生影响。众所周知，暗物质在宇宙大尺度上呈块状分布。暗物质不是一个充满均匀的引力物质的空间，而是由暗物质引力井和其他结构组成的一层复杂的膜。随着时间的推移，超级计算机模型揭示，暗物质自身形成了巨大的带状体和延伸数百万光年的引力坑。当宇宙进入黑暗时代，物质已经冷却到足以落入这些暗物质引力井中，形成带有暗物质结构的巨大物质云。现在，万事俱备，是时候让这些在井中快速冷却的物质在自身引力作用下坍缩到更小的规模，形成第一批恒星和星系了。为了更好地了解这个时代，让我们来看看恒星，即我们宇宙结构中的基石，是如何形成和演化的。

恒星演化

恒星是宇宙中最重要的天体之一。它们提供光和能量来温暖行星的表面，也提供了天文学家用来绘制宇宙景观的指路航标。宇宙中最早形成的恒星与我们今天所知道的截然不同，它们以超新星的形式死亡，创造了最终形成行星和生命系统的所有元素。借助地面和太空中的强大望远镜，天文学家在我们可见宇宙的外围搜寻，以捕捉第一批恒星在跨越138亿年的宇宙历史中发出的幽暗光芒。

仅仅用智能手机的摄像头就可以拍摄到夜空，夜空展现出人类在空间和时间上所感知的宇宙那绚烂耀眼的范围和广度。我们所见恒星的颜色和亮度是这些物质团块数百万年来演化的惊鸿一瞥。

// 观测恒星

在 人类历史的黎明到来之前，恒星就照亮了夜空，引起我们的祖先对它们究竟为何物的无穷想象。不同于地球上我们熟悉的树木、山川，夜空是人类所熟悉的事物中最陌生的景色。在有记载的 7000 年的历史中，我们看到我们的祖先如何创作出神话来解释他们所看到的事物。一般来说，恒星被认为是有生命的天上生灵，它们组成形态与对应生灵相似的星座。到公元前 300 多年的古希腊亚里士多德时代，恒星和行星被认为是由称为"以太"（后来被中世纪炼金术士称为"精华"）的第五种要素构成的。那是一种只能做完美圆周运动的发光物质。直到 16 世纪，人们才认为恒星是太空中的太阳，而直到 19 世纪，恒星的组成成分才能被一种称为分光镜的新仪器检测到。恒星现在对我们来说只是种种在陌生环境中看到的熟悉的物质。

几千年来，人们一直在猜测地球与各个恒星的距离，直到德国天文学家弗里德里希·贝塞尔（Friedrich Bessel）在 1838 年使用视差法估测出明亮的天鹅座 61 号星距离地球近 100 万亿千米。在接下来的一个世纪里，人们又测量了数千颗恒星的对地距离和光度。一旦天文学家能够计算出恒星的质量、温度和光度，恒星的大小和温度范围就很明确了，小到像天狼星 B 这样的小白矮星，只有地球那么大，大到巨大的红特超巨星，例如大犬座 VY，它能够吞没太阳系中从太阳到土星轨道这么大的范围。

恒星随时间诞生和演化的想法直到 19 世纪中期才真正出现，甚至可能是受到了查尔斯·达尔文（Charles Darwin）在进化生物学方面的开创性著作的启发。此前，恒星的起源与《圣经》的观点是密不可分的，《圣经》认为宇宙只有 6000 年历史，并且形成了我们所看到的样子，以后永远都不会改变。但赫尔曼·冯·亥姆霍兹（Hermann von Helmholtz）和威廉·汤姆孙爵士（Sir William Thomson，又称开尔文勋爵）等物理学家提出了更务实的观点。人们关注的是用于照亮太阳本身的终极能源。如果这种能源是缓慢的引力收缩，那么太阳的年龄可能超过 1 亿年，与查尔斯·莱尔 (Charles Lyell) 研究发现的地球上山脉的形成处于同一时间尺度。20 世纪初期出现了许多恒星演化的观点，但直到 20 世纪 30 年代中期乔治·伽莫夫（George

上图 弗里德里希·贝塞尔是第一个使用视差法估测地球到恒星距离的天文学家。几个世纪以来，测量员一直使用类似的技术来确定恒星到地球表面的距离。

Gamow）等物理学家发现热核聚变，才最终确定了氢聚变为氦是如我们的太阳一样的恒星的主要能源。这使人们对恒星如何随时间演化，以及有多少不同类型的恒星通过演化序列相互关联有了更深入的了解。例如，在接下来的 80 亿年中，我们的太阳将耗尽其核心的氢储备并膨胀成一个红巨星，继而失去其外层，变成一颗被行星状星云包围的白矮星。但在我们深入了解恒星演化的细节之前，让我们仔细看看离我们最近的恒星——太阳。

右图 艺术家描绘的红特超巨星——大犬座 VY。它是一颗变星，表明它不稳定并且可能向太空发射出大量的物质。它的质量相当于我们太阳的 25 ～ 60 倍，年龄为 800 万年。它很快就会成为超新星。

// 作为恒星的太阳

作为一颗典型的恒星，我们的太阳的基本属性非常壮观，甚至是人类无法理解的。从 1.5 亿千米的距离看，它的 3.8×10^{26} 瓦的辐射能量足以为我们提供充足的光和热。太阳的直径是地球直径的 100 多倍。以太阳的体积，它可以容纳超过 100 万颗与地球体积相近的行星。木星是太阳系唯一一颗体积接近太阳的行星。即便如此，太阳的质量是木星的 1000 倍，太阳的直径约是木星的 10 倍。太阳质量占整个太阳系质量的 99.8%。它巨大的引力影响到约 2 光

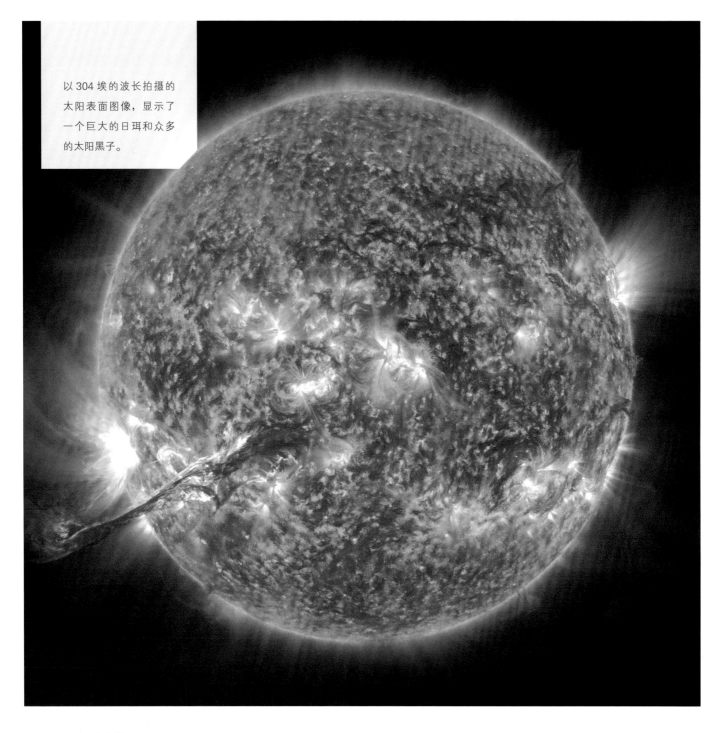

以 304 埃的波长拍摄的太阳表面图像，显示了一个巨大的日珥和众多的太阳黑子。

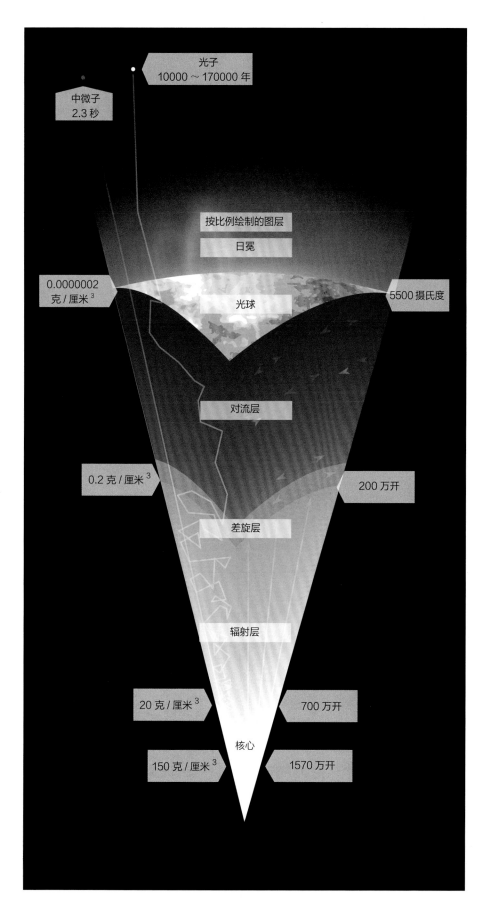

光子
10000 ~ 170000 年

中微子
2.3 秒

按比例绘制的图层

日冕

0.0000002
克 / 厘米³

光球

5500 摄氏度

对流层

0.2 克 / 厘米³

200 万开

差旋层

辐射层

20 克 / 厘米³

700 万开

核心

150 克 / 厘米³

1570 万开

年范围内行星、小行星和彗星的运动，这个距离是半人马座阿尔法星系与地球的距离的一半，该星系是距地球最近的恒星系统。太阳的可见表面（称为光球）温度为 5500 摄氏度，这使光球呈现出特有的黄色。光球表面由失去电子的氢原子和氦原子组成，物理学家称之为等离子体。由于该等离子体强大的磁场，它被加热时太阳表面会形成太阳黑子、表面对流单体和一个向外延伸数百万千米的温度非常高的日冕。几个世纪以来，天文学家一直在研究太阳表面，但真正的挑战是了解太阳的内部，这是无法直接观察到的。自 20 世纪初期以来，物理学家已经基于物质在其自身引力作用下在不同温度和密度如何表现的知识创建了太阳内部模型，首先从太阳的核心开始。

随着恒星中物质数量的增加，恒星不再能够像桌子或行星这样通过原子间的力来支持自身。物质向恒星核心下落导致恒星核心不断升温，直到恒星核心的原子和原子核以足够的能量碰撞并形成较重的原子核。我们的太阳组成成分中 76% 是氢，所以第一步是氢聚变成氦，从而释放出核能。随着引力造成的下落加剧，核能产生的压力使得更多物质越来越难聚集。最后，导致恒星升温和坍缩的引力被核能产生的热压给平衡。这一平衡导致恒星停止收缩，从而变得非常稳定。如果引力试图稍微压缩恒星，产生核能的速度就会加快，将气体向外推。

左图 太阳内部的切片可以揭示许多不同的过程。

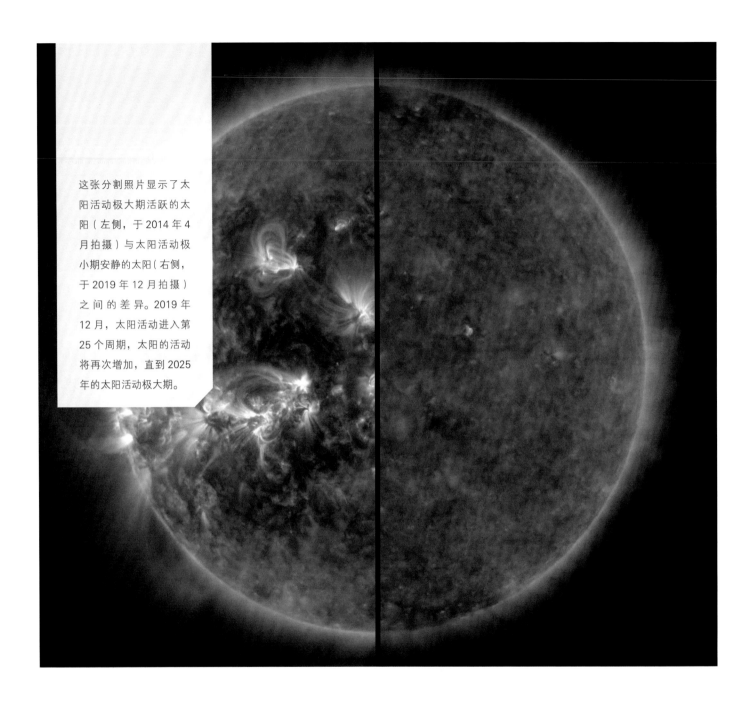

这张分割照片显示了太阳活动极大期活跃的太阳（左侧，于 2014 年 4 月拍摄）与太阳活动极小期安静的太阳（右侧，于 2019 年 12 月拍摄）之间的差异。2019 年 12 月，太阳活动进入第 25 个周期，太阳的活动将再次增加，直到 2025 年的太阳活动极大期。

如果恒星核心的核能稍微减弱，同时核心冷却，引力就会占上风并压缩恒星，直到温度的变化和核能的产生恢复到平衡状态。对于一颗典型的恒星来说，这种平衡状态可以维持数十亿年。在这种平衡状态下，我们太阳的核心温度为 1500 万摄氏度，密度约为 150 克 / 厘米^3，几乎是铅的 10 倍。在这个半径为太阳半径 20% 的核心区域中，氢在过去 40 多亿年的时间里持续聚变成氦。

太阳核心中产生的核能不仅能维持太阳内部的压力以克服引力导致的坍缩，而且还能产生光。太阳核心每秒约有 6.72 亿吨氢转化为氦，释放出足够的聚变能来照亮太阳并维持其内部压力。光能从太阳的核心流出，到达其表面，然后逃逸到太空。太阳核心中新产生的光子需要大约 170000 年的时间才能通过太阳内部向外扩散。γ 射线光子与众多原子核的碰撞产生数百万个最终到达太阳表面的低能光子，并在 8.5 分钟内通过地球公转轨道。在此过程中，辐射能的传输以一种非常特殊的方式改变了太阳的内部。对于太阳辐射

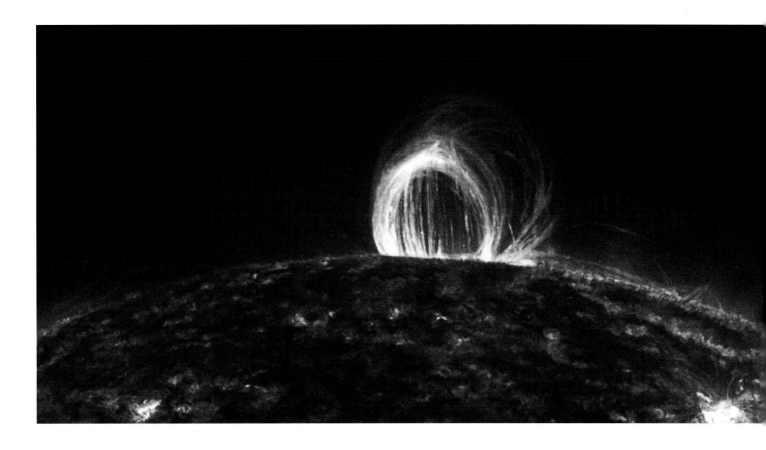

上图 太阳黑子群附近的日冕环显示磁力线在太阳表面上方延伸超过 100000 千米。

层来说，能量传输的主要来源是这种辐射能，而不是物质的运动。当能量流接近太阳表面时，通过使等离子体形成对流单体，能量能更有效地到达温度较低的太阳表面。这类似于锅中的沸水，当红外辐射能流过时，锅中最靠近炉子加热源的水几乎不动，但靠近表面的水开始剧烈沸腾。

我们太阳的半径约为 700000 千米。辐射层和对流层之间的边界位于光球下方约 200000 千米处。该边界被称为差旋层，只有大约 30000 千米厚，但在产生和控制太阳磁场方面起着至关重要的作用。带电的等离子体差旋层电流产生的磁场通过太阳的对流单体传送到太阳表面，并以太阳黑子的形式出现在太阳表面。这些太阳黑子以 11 年为周期散布在太阳表面。其他已知恒星的对流层略有不同，它们的黑子周期比太阳黑子周期更长或更短，范围从仙女座 λ 星的短至 6 年到波江座 β 星的 60 年不等。太阳黑子是黑暗的，因为通常本该在这部分太阳表面出现的能量被转移了，导致太阳黑子等离子体温度降低了超过 2000 摄氏度，因此它发出的光要少得多。如果你能从太阳表面"撕下"一个太阳黑子，并将其放置在黑暗的天空中，它会发出像一个加热到 3000 摄氏度的物体发出的暗红色光。

太阳表面磁场大约比地球的强 10 倍，但在太阳黑子的核心，磁场强度可以比地球磁场强 10000 倍。在太阳上可以看到磁环，类似于玩具磁铁棒周围的磁场。等离子体周围的磁场在空间和时间上不是固定的，但可以以耀斑的形式释放出大量的磁能。这些耀斑可以将太阳表面局部加热到超过 1000 万摄氏度，并发射可从地球探测到的 X 射线。磁力线也可以合并在一起，这一过程称为磁重联。该过程能将大量等离子体云喷射到太空中，这称为日冕物质抛射。当这种快速移动的等离子体云到达地球时，会引起诸如极光之类的壮观现象，但也会干扰卫星和电力设施，后者受干扰时会导致暂时停电。天文学家将太阳活动及其在日地空间引发的扰动称为太阳风暴，而由太阳活动引发的许多不同现象称为空间天气。

// 恒星的诞生

跨越数十光年的星际云密度低至 10^{-24} 克 / 厘米 ^{3}，而大多数恒星的核心密度超过 100 克 / 厘米 ^{3}。恒星诞生的方式是通过这些星际云的小部分发生引力坍缩。在几百万年的过程中，这种坍缩导致气体密度增加至原来的 10^{14} 倍，最终在被压缩和加热的核心内触发氢聚变。

能发生热核聚变的恒星的最小质量约为木星质量的 13 倍。它们被称为棕矮星，能加热自己的等离子体，使氘核与氢核（质子）结合成氦核。当棕矮星的质量约为木星的 90 倍时，其核心温度足以开始氢聚变，于是该天体成为真正的恒星，而恒星的界定条件之一是其质量范围为木星的 90 倍到我们太阳的 100 倍，在其中氢聚变是主要能源。

天文学家观察到了银河系附近许多恒星的"孵化场"。

孵化场有两种不同的类型，产生与太阳类似的恒星的小质量恒星孵化场是高密度的暗星云，其内部包括正在形成的原恒星的模糊热点。这些正在形成的原恒星可以用斯皮策空间望远镜等红外望远镜探测到。当密集的星际云坍缩成原恒星时，这种物质通常会形成一个旋转的气体圆盘。这是因为气体在坍缩时必须保持角动量守恒，从而使其旋转得更快。这就像一个旋转的滑冰运动员将手臂贴近她的身体，使自己旋转得更快一样。旋转的气体圆盘包含磁场，因此当圆盘中的气体坠落并靠近中央原恒星时，磁场会被集中和放大。结果是两

下图 太阳、小质量恒星和棕矮星之间的体积大小比较。

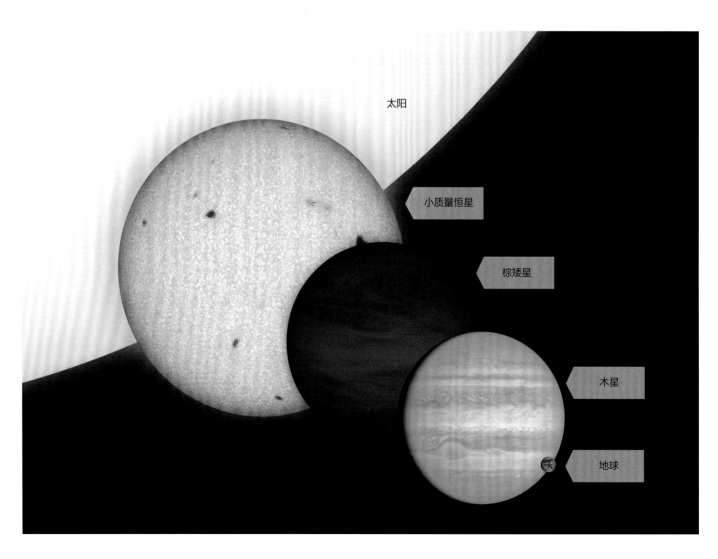

太阳

小质量恒星

棕矮星

木星

地球

赫比格－哈罗24位于猎户座，距离我们大约1350光年。两股物质喷流形成块状的激波阵面，清除了星际物质。这些团块以首先发现它们的天文学家乔治·赫比格(George Herbig)和吉列尔莫·哈罗(Guillermo Haro)的名字命名为赫比格－哈罗天体。

股磁化的气体圆盘物质流沿着旋转的原恒星的两极喷射出来，形成天文学家所说的赫比格 – 哈罗天体。这些被视为等离子体的发光云，以每小时数百万千米的速度远离原恒星。

　　在暗星云中会形成数十颗质量约为太阳质量的 0.1 ～ 5 倍的小质量恒星。在许多情况下，它们的形成过程非常温和，几乎不会干扰暗星云本身，这一过程能够持续数百万年。这是形成疏散星团的重要过程，星团中数百颗恒星仅在几百万年的时间里便可形成。然而，对于质量非常大的恒星来说，这个过程要剧烈得多，而且形成的景象惊人地美丽。

　　质量超过太阳质量 5 倍的恒星也会通过引力坍缩形成，但由于我们尚未完全了解的原因，这种坍缩一直持续到原恒

上图 星云 NGC 604 的核心有 200 多颗炽热的恒星，它们的质量均比我们太阳的质量大得多（质量为太阳质量的 15 ～ 60 倍）。

星质量达到太阳质量的 5 ～ 100 倍。当正在形成的原恒星表面温度升到 10000 摄氏度以上时，它们表面发出的光中紫外线增加，直到温度达到 30000 摄氏度时，近三分之二的光以紫外线的形式发出。氢气可以吸收紫外线，但紫外线会导致氢原子失去唯一的电子，从而被电离。来自恒星的紫外线的电离能力非常强，可以在距离恒星 5 ～ 10 光年的范围内将氢气电离。电离的结果是形成一个多彩的美丽星云，它的各种颜色是氢气、氧气和氮气被紫外线激活并呈现出的

特定颜色。氢的"红"和氧的"绿"是最浓烈的颜色。这些星云的蓝色可能来自星光在尘埃颗粒上的散射。

下图 欧洲太空总署的赫歇尔空间天文台观测到的 RCW 120 气泡位于大约 4300 光年之外。中心的一颗在红外光谱范围不可见的恒星，凭借自身的光子气体的强大压强，在自身周围吹出了一个美丽的气泡。

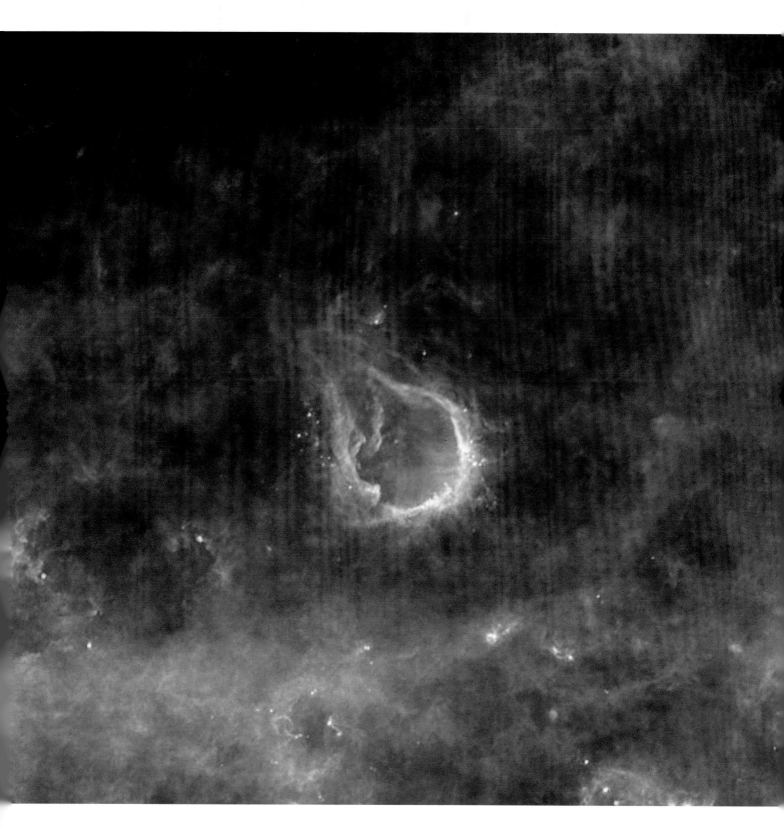

// 恒星演化中期

———旦原恒星过渡到通过氢聚变的方式产生能量的阶段，它便会进入很长一段稳定的时期，并发射几乎恒定水平的光。亿万年来，随着恒星的氢储备在核心持续燃烧，恒星的发光水平稳步上升。恒星的核心在自身引力作用下慢慢坍缩。这种坍缩导致恒星的核心温度升高，但增加的核能也导致恒星膨胀，逐渐加强了它的光度。例如，当我们的太阳刚形成时，它发出的光和热较现在少25%，但在过去的40多亿年里，它的光度逐渐增加，这就像给台灯安装一个25瓦的灯泡，1年后发现这个灯泡已经长成了一个40瓦的灯泡一样。目前，太阳光度每1亿年增加1%。这将给地球带来的一个严重后果是，无论人类如何应对全球变暖，我们地球的表面温度都会升高——在几亿年内，地球表面将不再有裸露的冰或雪。大约10亿年后，温室效应将导致全球海洋蒸发量大于补给量。随后，到距今约20亿年后，地表将变得无法居住。从热力学角度考虑，地面上或地表下将不会有温度比水的沸点更低的地方。多细胞生物将在大约8亿年后灭绝，而最顽强的嗜极类细菌将在大约15亿年后灭绝。我们目前已经度过了地球上多细胞生物时代大约一半的时间。

一颗恒星可以持续燃烧氢以维持自身抵抗引力的时间取决于恒星的质量。像我们的太阳这样的恒星可以在120亿年内持续燃烧氢，但质量是太阳质量100倍的恒星只能燃烧几百万年。而另一方面，数量多得多的质量约为太阳质量10%的红矮星可以在数万亿年内持续燃烧氢。

上图 这张由维斯塔天文望远镜拍摄的银河系照片显示了许多处于不同演化阶段的恒星，从仍然嵌在暗星云中的恒星"婴儿"，到具有各种温度和光度的"老年"恒星。

在演化的中后期，恒星会随着核心产生的能量大小变化以及能量释放位置的变化而发生许多不同的变化。对于我们的太阳而言，再过 50 亿年，随着氢燃料的减少，核心的聚变反应效率将降低，从而导致富含氢的核心坍缩。与此同时，核外富含氢的壳层将达到可以进行热核反应的温度。产生能量的主要来源随即离开核心，并驻留在天文学家所说的氢燃烧壳层。这一新的、更活跃的能量产生过程导致恒星的外层膨胀并变冷，恒星进入红巨星时期，它的"中年"岁月已经结束。对于质量比太阳质量更大的恒星来说，这一演化过程要复杂得多。

我们的太阳通过将氢聚合成氦来产生能量，但质量更大的恒星核心温度更高，因此通过更复杂的核反应来产生能量，称为碳氮氧循环。与像太阳一样核心只有 1500 万摄氏度的恒星不同，大质量恒星的核心温度可以达到 5000 万摄氏度。随着这些恒星将氢燃烧成氦灰，巨大的能量被释放，使大质量恒星的体积变得比太阳大得多。例如，离我们最近的 O 型星是 1100 光年外的船尾座 ς 星。它的直径是我们太阳的 18 倍，表面温度为 40000 摄氏度。

下图 像太阳这样的恒星在其生命的大部分时间都作为稳定的恒星存在，光度和温度变化缓慢，这个变化过程可以跨越数十亿年。

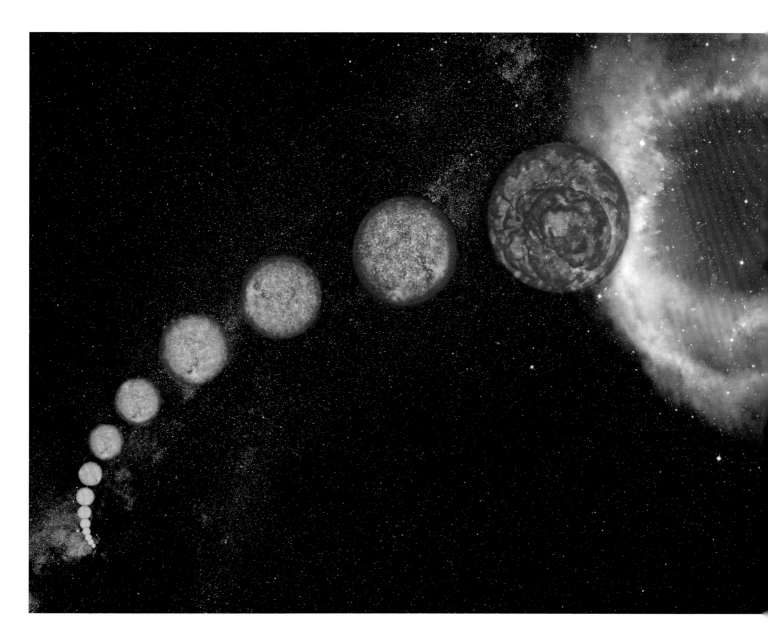

// 恒星的死亡

引力是持续不断的，而支撑恒星内部的可用核燃料总是受到其质量和核心温度的限制。小质量恒星会形成相当人的氦灰组成的核心，在氢聚变反应温度下这个核心是惰性的，然而这一核心会坍缩并加热其周边区域。这个过程一直持续到富含氦的核心的温度达到接近 1 亿摄氏度，此时 3 个氦核在 3α 反应中聚合成 1 个碳核。这个反应释放的能量要显著高于氢聚变反应，于是恒星的外层膨胀并冷却，恒星因此变成红巨星。

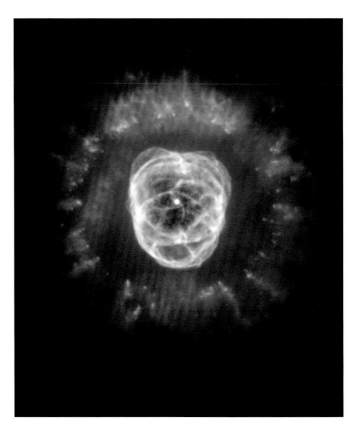

我们的太阳将在大约 50 亿年后进入这一阶段，在聚变的氦灰核心内产生一个碳灰核心，而氦灰核心是当太阳还是一颗中年恒星时发生的氢聚变反应留下的。一旦氦灰耗尽，剩下的碳灰核心将继续坍缩，但最终会停止，太阳变成一个地球大小的固体天体。在这个临界点，这颗小质量恒星的外层将继续膨胀到火星轨道以外的空间，直到完全逃离太阳。对于质量不到太阳质量 4 倍的恒星，此时可以观察到一个行星状星云围绕着其中心的一颗明亮的白热恒星，即白矮星。

白矮星物质由普通的碳和氧组成，这些物质是早期聚变反应遗留的灰烬，并由电子之间独特的量子力学效应引起的斥力支持着。白矮星的内部就像一个巨大的原子核，带有电子，但电子必须遵守量子力学中的一条定律，即它们中的任意两个都不能处于同一状态。这会导致所谓的电子简并压，而它是使白矮星抵抗进一步引力坍缩的原因。如果把像太阳这样的整颗恒星塞进一个不比地球大的空间中，其密度约为 10^9 千克/米^3。它的内部是一个在 1000 万摄氏度下缓慢结晶的碳氧球。在它的表面上方，有一个厚度约 10 千米的氢外层和一个靠近其固体表面的氦内层。白矮星形成初始的表面温度接近 10 万摄氏度。因为没有进一步的聚变反应发生，它会随着时间的推移稳步冷却，最终会在数千亿年后变成一颗黑矮星。

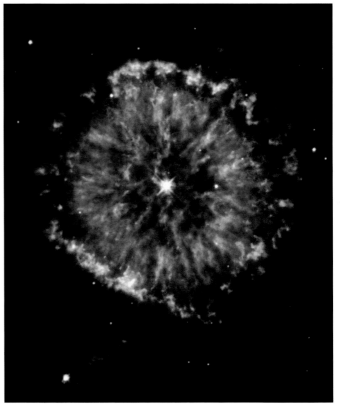

当白矮星处于双星系统中时，白矮星可以从其伴星那里积累额外的富氢物质。当这种物质的数量达到临界水平时，它会快速开始热核聚变，导致白矮星作为新星爆炸。在某些情况下，对于质量最大的和传质速率最高的白矮星

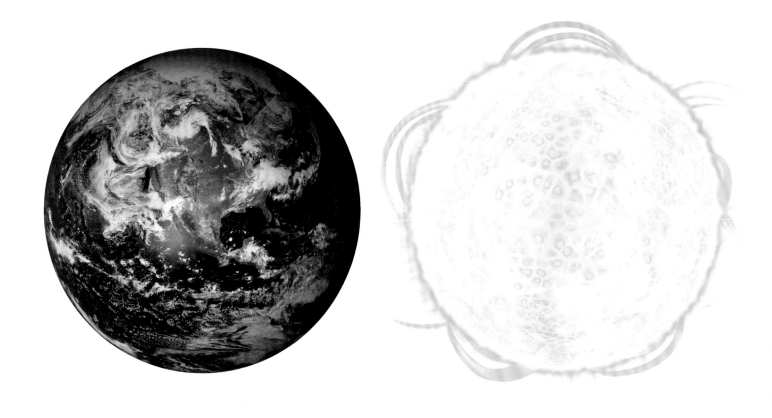

上图 正如这位艺术家所描绘的天狼星 B 展示的，白矮星的大小与地球大致相同。

右图 白矮星的剖面图显示了它的组成和壳状结构。

前页上图 行星状星云 NGC 6751，也称为亮眼星云，距离太阳 6500 光年。它形成于几千年前，现在直径约为 1 光年。

前页下图 双壳行星状星云 NGC 2392，直径约三分之一光年，距离太阳 3000 光年。

而言，这种爆炸会导致 1a 型超新星诞生，而白矮星则完全瓦解。

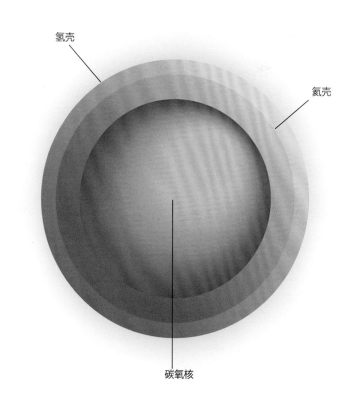

氢壳

氦壳

碳氧核

// 超新星

对于大质量恒星来说，它们的生命终结过程要复杂得多，而且由于恒星的质量大得多，需要的时间也要短得多。大质量恒星的核心温度可以达到远高于小质量恒星的水平。当它们到达通过 3α 反应产生一个不断坍缩的碳灰核心的阶段时，这一核心可以在自身引力下坍缩并升温到超过 5 亿摄氏度。这会触发一种称为碳燃烧的聚变反应。由于能量产生了数量级的飞跃，恒星将变成红超巨星。"燃烧"一词被天文学家广泛用于描述聚变反应，但实际上与化学反应的燃烧过程无关。离我们最近的红超巨星是位于猎户座的参宿四（猎户座 α 星），距离太阳只有 650 光年。碳燃烧反应产生氖、镁、氧和钠等元素以及其他许多同位素。在像参宿四这样的质量是太阳质量 25 倍的恒星中，氢燃烧生成氦大约需要 1000 万年，氦燃烧生成碳大约需要 100 万年，但碳燃烧生成其他元素只需要 1000 年。此外，小质量恒星的主要能量损失是从核心发射出的光辐射光子，而大质量恒星的最大能量损失是从核心发射出的中微子的巨大光度中蕴含的能量。中微子不与恒星中

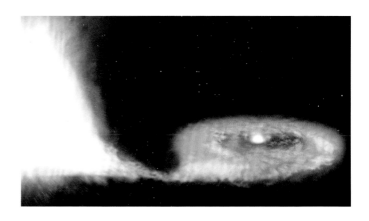

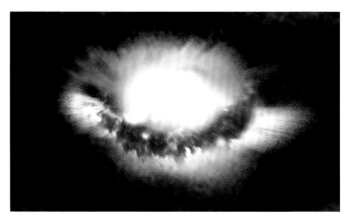

上图和下页的上图 艺术家描绘的一次超新星爆炸中的各阶段，表现了一颗白矮星从其伴星吸积质量然后爆炸。这些特殊的超新星被称为 1a 型超新星，是确定宇宙中距离的重要"标准烛光"。

的等离子体相互作用，因此它们的能量都没有用于支撑恒星的核心或其周围的壳层。这会对接下来发生的事情产生巨大的影响。

在 10 亿摄氏度的温度下，氧灰燃烧生成硅，而在 30 亿摄氏度时，硅灰燃烧生成铁。由于无法通过燃烧铁原子核来获得更多能量，这些灰烬会积聚成一个惰性的、不断坍缩的核心。这个温度达到数十亿摄氏度的天体的密度已经达到了即使中微子也很难逃逸出去的水平，因此曾经通过将能量带出恒星而产生的冷却效应突然被加热效应取代，导致铁核的外部各层像超新星爆炸一样迅速膨胀。

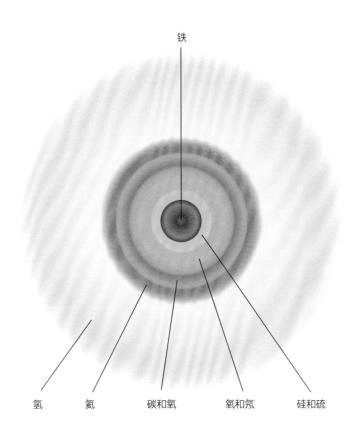

铁

氢　　氦　　碳和氧　　氧和氖　　硅和硫

左图 爆前超新星的洋葱壳结构。当一颗质量极大的恒星接近演化末期时，恒星内部的核聚变产生的重元素向恒星的核心集中，形成一系列由聚变反应及其灰烬决定的分层。

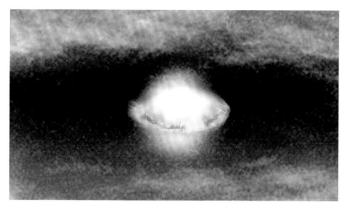

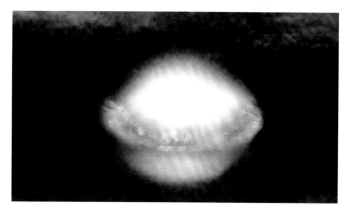

下图 超新星爆炸后短时间内的超新星超级计算机模型，旨在显示正在形成的中子星周围物质的复杂运动。

下图 超新星爆炸后大约 600 秒，这张来自超级计算机模型的图像显示了一颗具有极强磁场的中子星（称为磁星）的核心是如何形成的，以及一个流出的湍动等离子体是如何涌入先前喷出的气体中并形成激波阵面和复杂的湍流的。这张图像由日本国家天文台 Ken Chen 提供。

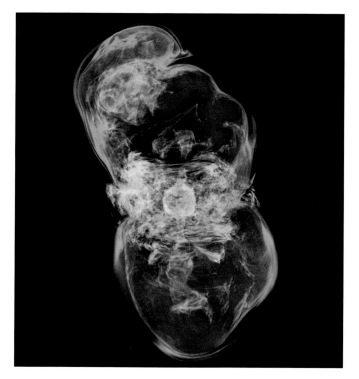

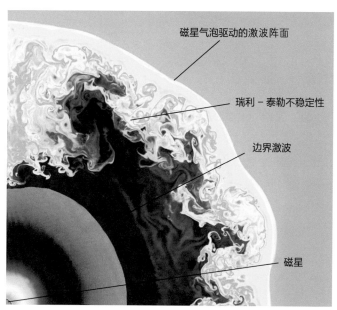

磁星气泡驱动的激波阵面

瑞利－泰勒不稳定性

边界激波

磁星

// 超新星遗迹

金牛座的蟹状星云是一个直径 6 光年并且还在膨胀中的超新星遗迹，这一超新星爆炸事件发生在 1054 年。当时在欧洲和中国有人观察到了这个事件。

从核心向外的爆炸产生了一个大小相等且方向相反的火箭效应，将铁核压缩到更大的密度，留下称为中子星的天体。如果前身星的质量超过太阳质量的 8 倍，就会发生这种情况。因为前身星在旋转，并且就像一个旋转的滑冰运动员收回手臂那样收回旋臂，中子星的旋转速度会大幅提高，因为新形成的中子星直径仅 20 千米，每秒最多可旋转 500 周。它的表面还将包含一个恒星遗留下来的被俘获和放大的磁场，其强度可能是地球磁场的数万亿倍。据估计，我们的银河系中有超过 10 亿颗中子星。

中子星是爆前超新星的核心，其质量为太阳质量的 1～3 倍，但位于直径仅约 20 千米的空间中。这样，核心的密度几乎完全等于原子核的密度，约 10^{17} 千克 / 米 ^{3}。支撑白矮星的电子简并压完全被超新星爆炸的引力坍缩和火箭效应所克服。构成核心物质的质子与致密等离子体中的自由电子相互作用并转化为中子，残留的致密核心一旦形成，其物质组成几乎 95% 是中子，因此得名中子星。

中子星的内部非常奇特，支撑白矮星的电子简并压被中子简并压所取代，但中子星的密度要大得多。这是因为强核力比引起电子简并压的电磁力大 100 倍。中子星有几米厚的含氢核和氦核的大气层，带有强大的磁场，它这个磁场的

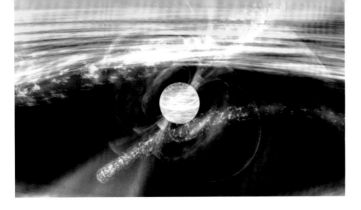

上图 一幅艺术作品，表现的是中子星在双星系统中吸积气体。

上图 一位艺术家对仙后座 A 超新星遗迹中心的中子星的描绘，该中子星的直径约 40 千米。蓝色射线代表在致密、富含中子的核心中产生的中微子。

强度可以比我们太阳的磁场强数万亿倍。中子星内部由一个只有几百米厚的富铁薄壳组成。在此壳之下并延伸到核心的是一种纯度极高的中子物质，即使在 10 亿摄氏度的温度下其行为也像超流体一样。

中子星的体积非常小，即使在它们诞生时表面温度高达百万摄氏度的情况下，它们发出的光也几乎不足以从地球上直接观测到。然而，它们的快速旋转和强大磁场使它们能够作为横跨银河系的强大无线电信标被探测到。1967 年，英国天文学家乔瑟琳·贝尔·博内尔 (Jocelyn Bell Burnell) 发现了第一颗脉冲星，她将其当作了一个神秘的射电源。迄今为止，人们已经发现了 2000 多颗脉冲星。人们相信银河系中有超过 100000 颗脉冲星，并且大约每 70 年就会出现

一颗由超新星爆炸形成的新脉冲星。

中子星也存在于双星系统中，这是两颗大质量恒星各自变成超新星并遗留下中子星造成的。随着时间的推移，当中子星通过发射引力辐射失去能量时，它们最终会碰撞并成为壮观的伽马射线"爆发"源，甚至成为一个巨大的黑洞。超级计算机对在最后几十毫秒内发生的合并事件进行模拟，揭示了中子星碰撞速度接近光速，发射出的巨大的引力波脉冲可以被美国激光干涉引力波天文台和地球上的其他引力波望远镜探测到。

下图 超级计算机模拟中子星合并的最后 30 毫秒。

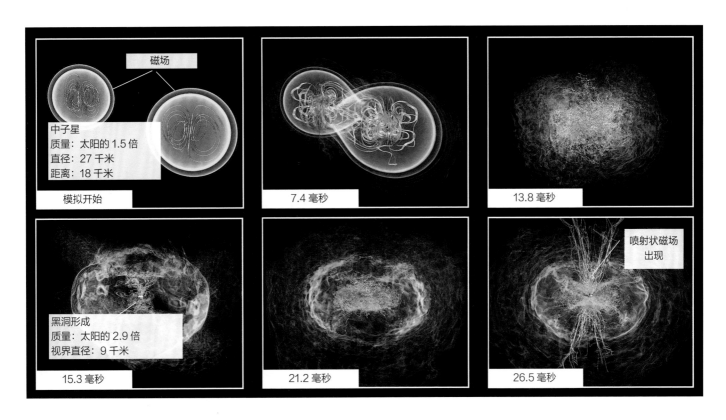

磁场

中子星
质量：太阳的 1.5 倍
直径：27 千米
距离：18 千米

模拟开始

7.4 毫秒

13.8 毫秒

黑洞形成
质量：太阳的 2.9 倍
视界直径：9 千米

15.3 毫秒

21.2 毫秒

喷射状磁场出现

26.5 毫秒

// 黑洞

如果前身星的质量是太阳质量的 25 倍以上，那么它的超新星就能够将剩余的核心质量压缩到远远超出中子星物质所能承受的极限。引力最终占了上风，超新星遗迹坍缩成黑洞。

黑洞通常指密度大到其自身的引力阻止了光从中逸出的天体。光粒子被认为如同微型火箭飞船，其速度无法超过天体的逃逸速度，因此光粒子会回落并被俘获。这种解释适用于牛顿的引力和运动理论，但并不正确。实际上，黑洞是爱因斯坦广义相对论的产物，该理论认为引力是时空弯曲的一个特征。时空弯曲的曲率可由一个方程来描述，该方程描述了如何测量时空点之间的间隔：一个四维几何中，其中的时间与空间在三维空间是对等的。对于一个黑洞而言，有一个特定的距离，在这一距离之外，时间和空间坐标取其常值，但在这一距离内，空间和时间坐标实际上是相反的：类时间坐标具有类空间隔属性，而类空间距离具有类时间隔属性。此特定距离代表称为事件视界的球体半径。落入半径之内的物体无法通过以光速传播的光信号与事件视界外的观察者进行交流。一旦进入事件视界，物体就无法逃离，因为物体的速度不能超越光速。物体无法逃离黑洞事件视界的原因是时空几乎已经竖起了一堵墙，阻止物体逃离或者物体的光信号发出去。这对于超新星爆炸意义非凡。

右图 艺术家描绘的一个黑洞从邻星"窃取"物质。

// 黑洞合并——引力波

假设一颗中子星从它所可能达到的最大质量开始演化，而且它正处于临界点，它的中子正在经历以自身的量子简并压抵抗引力下的进一步坍缩。当它的质量增加时，它的核心首先随其中中子在巨大压力下的分解而消散成自由夸克和胶子组成的气体。随着质量和外部压力进一步增加，这些夸克的速度接近光速，产生的压力达到了可能来自任何形式物质的最大压力。此时，中子星的最大可能质量约为太阳质量的 2 倍，半径为 15 千米。如果中子星不旋转，则质量这么大的中子星的事件视界半径约为 6 千米，被称为施瓦西黑洞。略微增加的质量会使中子星的半径等于其事件视界的半径，所以时空弯曲实际上吞噬了承载这些质量的物质，使这些物质除了引力效应之外处于不可见的状态。

与通常的描述相反，黑洞并不像真空吸尘器那样"吸入"周围环境中的所有物质，但黑洞确实会导致附近物质在发出引力波时失去轨道能量。这种能量损失导致物质轨道不断地靠近事件视界，并最终被黑洞单向吸收。在黑洞事件视界周围大约视界半径两倍的区域内，天体无法找到稳定的圆形轨道来与黑洞保持恒定距离。随即是轨道衰减的发生，粒子不可阻挡地滑过事件视界。即使是掠过该区域的光信号也可以被捕获到临时圆形轨道中并循环一段时间。由于黑洞使时空弯曲，黑洞的行为也像光学透镜，可以使经过它们的光线弯曲，产生许多有趣的现象。利用广义相对论的方程，天文学家可以模拟黑洞周围弯曲的图像并恢复背景物体的原样。这是一项强大的技术，可以让天文学家通过将巨大的前景星系团作为引力透镜使用来研究宇宙中遥远的星系。

右图 这幅艺术作品展示了碰撞过程中的两个黑洞，每个黑洞都被它们自己旋转的物质吸积盘包围。

// 引力波宇宙

最大中子星的质量大约是太阳质量的 2 倍；它们本应是很常见的，但天文学家一直无法探测到许多质量小于太阳质量 3 倍的黑洞。有一种可能性是，这些大质量黑洞不是由产生质量更大一些的中子星的超新星形成的，而是由其他某种机制形成的，其中之一是黑洞合并。这有几种可能：两个黑洞可以合并形成一个更大的黑洞；黑洞和中子星可以合并；或者黑洞和白矮星可以合并。两颗中子星也可能发生碰撞和合并。几十年来，天文学家发现了许多中子星双星系统（例如 PSR J0737-3039）和中子星 - 白矮星双星系统（例如 J0453+1559），所以这些遗迹合并形成黑洞的想法并不牵强。事实上，爱因斯坦广义相对论最令人惊奇的证据之一是，物体在加速时会产生引力波，而最大的加速应该发生在这些合并事件期间。

几十年来，物理学家一直在使用各种不同的技术和策略

下图 碰撞的黑洞向时空中发出的引力波可以在地球上被探测到。位于美国路易斯安那州和华盛顿州的设有探测器的先进的激光干涉引力波天文台直接观测到了这些引力波。

来寻找引力波的迹象。1994 年，美国开始在华盛顿州汉福德和路易斯安那州利文斯顿建造激光干涉引力波天文台，耗资 11 亿美元。经过几次设计和灵敏度改良，它于 2015 年 9 月 14 日探测到了第一个清晰的时空弯曲信号。该信号仅持续了半秒，但是，根据广义相对论，物理学家可以确定该信号是由两个质量均为太阳质量 30 倍的黑洞合并时发出的，这两个黑洞在距离银河系约 13 亿光年的遥远星系中合并。到 2020 年，激光干涉引力波天文台已探测到 20 多起此类

上图 美国路易斯安那州的激光干涉引力波天文台探测器，是位于华盛顿州的探测器的配套设施。它们成对运行以探测引力波事件。

事件，这些事件均与两个致密天体的合并有关。其中之一是 2017 年 8 月 17 日发生的中子星 - 中子星碰撞导致的引力波事件 GW 170817，这两颗中子星的质量均为太阳质量的 1 ～ 2.5 倍。

至此我们已经探索了恒星演化和这一过程中的各种标志性关键事件，现在可以继续探索我们自己宇宙的演化故事了。

最早的恒星和星系

我们知道我们周围的恒星是由坍缩的气体云形成的，那么宇宙中最早的恒星是如何形成的呢？天文学家正在寻找大爆炸后最早形成的恒星和星系，以了解这一形成过程，以及恒星的质量是否足以产生铍以外的更重的元素，如碳、氧和硅。没有这些元素，这个宇宙中就不可能有生命存在。天文学家预测，最早的恒星只含有氢和氦，质量是太阳质量的100多倍，并在几百万年内演化成为超新星爆炸了。它们的遗迹散落在婴儿期的宇宙中，可以在构成我们身体的碳、氧和铁中找到。

艺术家绘制的星系 A2744_YD4 的印象作品，当时的宇宙只有现在年龄的 4%。

// 星族Ⅲ——最早的恒星

我们认为第一批恒星在早期宇宙中开始形成的方式与现在的大致相同。最大的区别之一是第一批恒星是由基本上为纯氢和纯氦的冷气体形成的。相比之下，现在的恒星主要是由氢和氦混合形成的，但也含有质量占比达 2% 的其他更重的元素。天文学家用铁丰度衡量恒星的"金属度"，因为金属铁是恒星中最常被探测到的元素，铁丰度被用作对恒星进行分类的依据之一。我们太阳的金属度为 0.012 或 1.2%，这意味着其质量的 1.2% 来自比氦更重的元素。金属度具有使恒星内部对光不那么透明的重要效应。随着金属度的增加，物质的不透明性会引起辐射压力以阻止质量较小的物质内落。当恒星由内落物质形成时，这一生长过程中会产生质量较小的金属度较高的恒星。对于由纯氢和纯氦形成的第一批恒星，它们的金属度基本上为零。这意味着形成的典型恒星质量非常大，可能高达太阳质量的 500 倍。相比之下，当前我们银河系中质量最大的恒星是位于距离地球 163000 光年的蜘蛛星云中的 R136a1（215 倍太阳质量）和 R136c（230 倍太阳质量）。

金属度低也导致这些大质量恒星在它们的核心中产生了大量的热核能，使它们的表面温度超过 100000 摄氏度。表面温度如此高的天体在电磁光谱的紫外线部分产生超过三分之二的光。在我们的银河系中有一些恒星（例如猎户座星云中心的恒星）以这种方式运行。这种紫外线造成的最大的已知后果之一是它会在各个方向电离许多光年内的氢原子。

来自这些古老的大质量恒星（称为星族Ⅲ恒星）的光，在地球上是不可见的，但应该可以通过新一代望远镜如詹姆斯·韦布空间望远镜看到红外光谱中的光。该望远镜的红外传感器专门用于探测这些大质量恒星发出的携带大量信息的红外线，而这些恒星仍然埋藏在生成它们的原始气体云中。

右图 蜘蛛星云的直径大约有 1000 光年，被位于其核心的星团 R136 中的一群大质量恒星电离。蜘蛛星云的气体质量超过我们太阳的 400000 倍，在一个直径只有 20 光年的星团中还包含 72 颗大质量恒星。蜘蛛星云的年龄只有 200 万年，但包含 9 颗质量都超过太阳质量 100 倍的恒星。当第一批恒星诞生时，数以万亿计的恒星充斥在宇宙中。

// 紫外线充斥的宇宙

天文学家认为当时散布在宇宙中的大质量星族 Ⅲ 恒星不是仅有几颗,而是有数万亿颗。它们对黑暗时代的影响简直是惊人的。在几千万年内,从这些恒星中倾泻而出的紫外线几乎淹没了宇宙的每个角落,并且随着时间的推移,重新电离了那时太空中存在的所有氢气和氦气。黑暗时代结束了,取而代之的是大面积斑驳的大质量星云,类似于猎户座星云,但其规模比我们银河系中的常见星云大得多。天文学家称这一时期为再电离时期,因为在宇宙历史上,这是第二次原始的氢气和氦气被电离成由原子核、质子和电子组成的等离子体。这一事件在大爆炸后大约 2.5 亿年开始,并且可能又过了 5 亿年才完成。

在再电离时期,随着时间的推移,大质量恒星的形成变得越来越白热化。已探测到大爆炸后 10 亿年时产生的星系 SSA22-HCM1 以每年 40 倍太阳质量的速度产生新恒星。在几亿年内,当时已经完全电离的宇宙中只剩下了小的星系大小的气团,并且正在迅速蒸发。我们仍然可以在来自极为遥远星系的光线中看到这些气体云的幽灵,天文学家称之为莱曼 α 斑点。

莱曼 α 斑点是一种巨大的气体云团,属于一些在宇宙中探测到的已知最大单一天体。其中一些斑点的直径超过 400000 光年。莱曼 α 斑点 Himiko 的直径为 55000 光年,约为银河系直径的一半。我们现在看到的是它在宇宙年龄只有大约 8.3 亿年时发出的光。

在早期,宇宙还不是完全透明的,其中大部分空间充满了氢气雾,它吸收了年轻星系发出的强烈紫外线。氢气雾被这种紫外线清除的过渡时期被称为再电离时期,如这幅具有代表性的科学模拟照片所显示的。

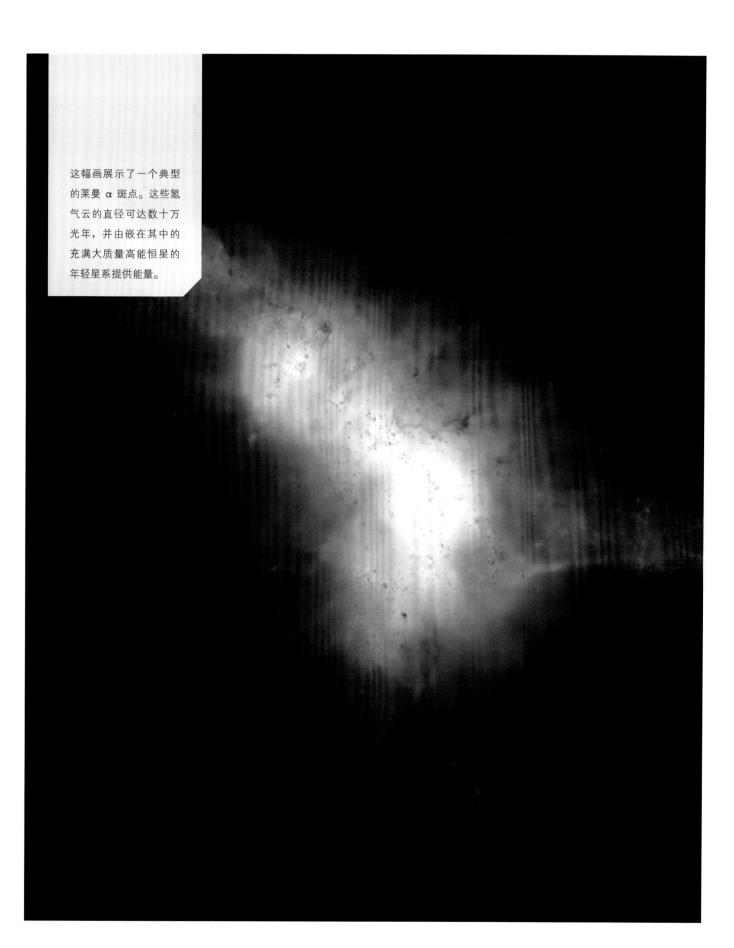

这幅画展示了一个典型的莱曼 α 斑点。这些氢气云的直径可达数十万光年，并由嵌在其中的充满大质量高能恒星的年轻星系提供能量。

// 元素富集的超新星

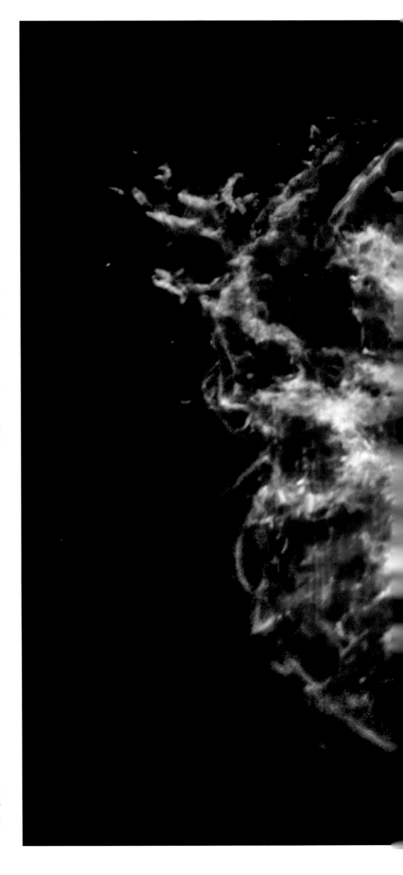

拥有如此大质量恒星的后果之一是，它们从形成到演化为超新星的寿命只有数百万年。当它们到达生命尽头时，会变成超新星，但对于质量超过太阳质量100倍的恒星，天文学家为它们的爆炸创造了一个新名称：极超新星。这些巨大的极超新星爆炸导致黑洞的形成和同样致命的 γ 射线喷发，后者可以发射大量的光能，最远可达距离恒星本身数十亿光年处。极超新星还将核反应生成的物质从内部深处喷入太空。这种物质富含碳、氧和铁等比氦更重的元素，这些元素在如今的宇宙中并不存在。

当前，我们可以在许多已被详细研究过的超新星遗迹中观察到这些元素富集的过程。天文学家可以使用灵敏的光谱设备来识别任何发光的星际或星系际气体集合中的元素，并直接确定元素的丰度。例如，从地球上看，被称为仙后座 A 的超新星在 19 世纪的某个时候爆炸了。后来的光谱研究发现，它喷射出了 10000 倍地球质量的硫和 70000 倍地球质量的铁。事实上，在这颗典型超新星的遗迹中，基本上已经检测到了创造行星和 DNA 分子所需的所有元素。随着早期宇宙中数以万亿计的星族 Ⅲ 超新星爆炸，原始气体可以在短短几亿年内迅速在不同程度上富集重元素。

右图 钱德拉 X 射线天文台制作的仙后座 A 超新星遗迹的合成图像，显示了受到冲击的外流气体云中由硅原子（红色）和铁原子（蓝色）发出的光。

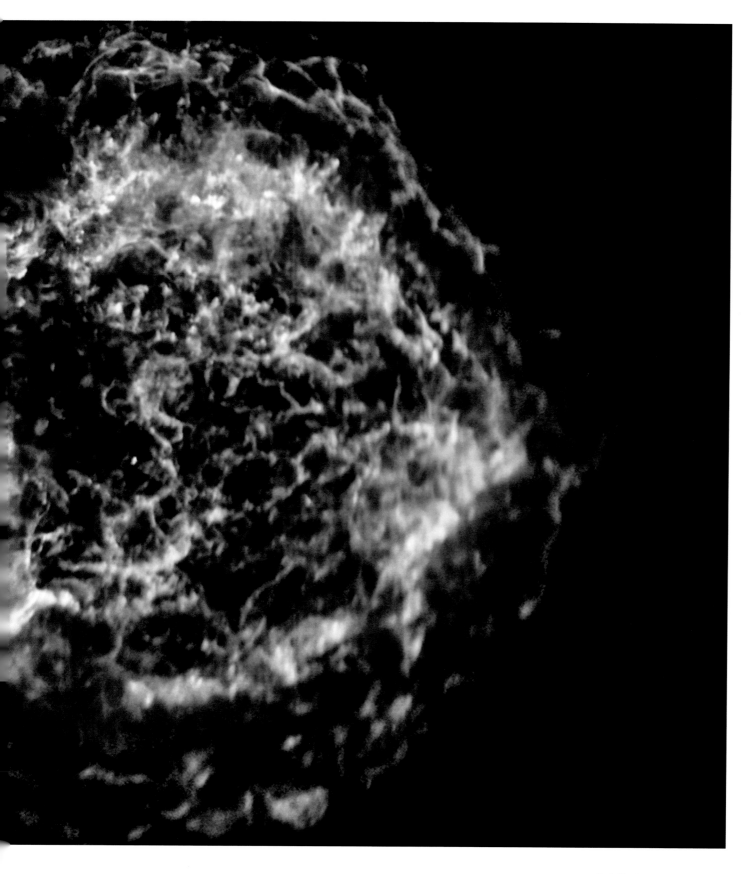

年轻的星系

天文学家认为，就像我们今天的银河系中的大质量恒星一样，早期宇宙中的大质量星族Ⅲ恒星倾向于聚在一起形成星团。这些星团与周围气体之间的相互作用不仅将它们电离，而且有助于其他恒星的形成。经过一段时间，质量数百万倍于太阳质量的气体的会聚每年会催生出数千颗恒星，小星系开始初具雏形。如今，这些小星系类似于矮星系，例如我们银河系的伙伴麦哲伦云。即使是像哈勃空间望远镜一样功能强大的望远镜，也很难探测到这些年轻的星系。这些星系看起来像是带有光谱的微小光斑，说明它们距离地球很远，因此我们看到的是它们在宇宙年龄只有几亿年时的形态。

美国国家航空航天局于 2021 年 10 月启用的詹姆斯·韦布空间望远镜能让我们更详细地观测到这些遥远而令人着迷

下图 艺术家绘制的在年轻星系 CR7 中探测到的星族Ⅲ恒星。这些原始恒星诞生于含有氢和氦（以及微量锂）但不含更重元素的气体云中。

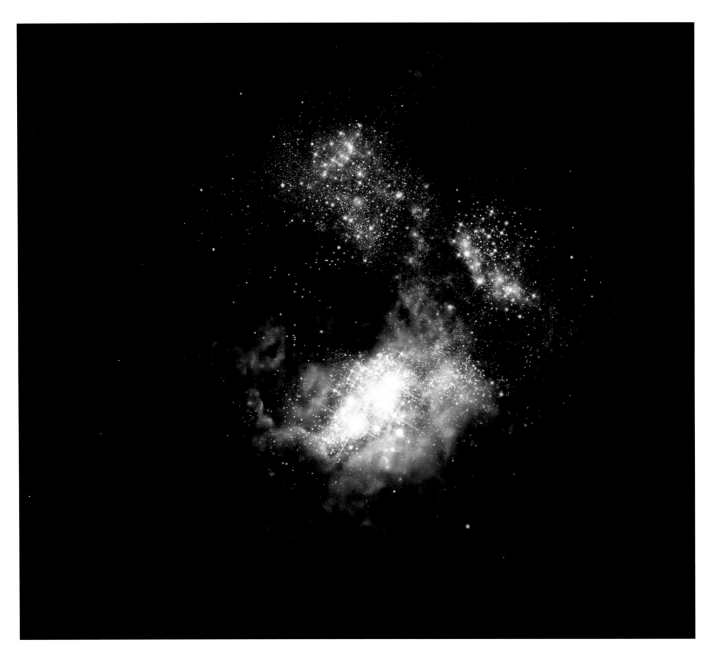

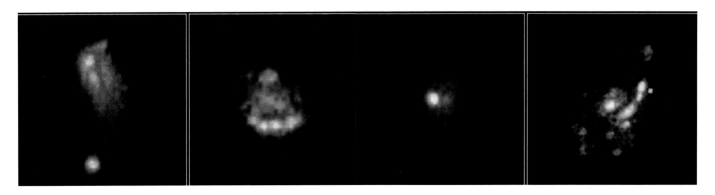

上图 估计距离太阳 50 亿～ 70 亿光年的一组旋涡星系。这些星系在宇宙只有现在年龄的一半时就存在了。它们的不规则形状和团块形状表明星系碰撞和合并十分活跃。

下图 马卡良 209 是猎犬座中的一个矮星系。在该星系中，两个巨大的星团呈现出亮白色，并被绿色的氢气云包围。这个矮星系直径有 15000 光年，质量相当于 100 万个太阳的质量。

的光斑。但通过将这些婴儿星系的属性与我们附近星系的属性进行比较，我们也可以对于它们靠近我们后可能呈现的形态形成明确的概念。

　　天文学家一直在研究莱曼断裂星系，它们距地球很远，其紫外光谱、大小和恒星形成率与距离地球还要远得多的婴儿星系相似，但莱曼断裂星系距离我们仅 10 亿～ 20 亿光年，因此可以看到一些细节。它们类似于旋涡星系或不规则星系，但呈明显的团块状，并且似乎经常与附近的其他星系相互作用。非常年轻的星系看起来与这些莱曼断裂星系相似，但数量要大得多。也许当今所有的星系都经历了这一恒星形成活动中的块状阶段，然后才稳定下来，形成今天我们周围看得到的星系。

// 超大质量黑洞的出现与成长

最早几批恒星在极超新星爆炸中形成了黑洞，而这些黑洞有很多机会发生碰撞并成长为更大的黑洞，质量将达到太阳质量的数百或数千倍。虽然这一切都需要时间，但极为惊人的是，即使是通过连续合并，这些黑洞在短时间内增长到巨大规模的速度也实在是太快了。

我们是如何发现这些超大质量黑洞的？天文学家通过寻找远古宇宙中年轻天体的迹象，发现它们的光度远远超过星族 Ⅲ 恒星。在当前的宇宙中，这些天体被称为类星体，因为它们的光度是银河系这样的整个星系的数千倍。有关此类现象的主流观点是，每个类星体的中心本身就是一个超大质量黑洞，其质量超过太阳质量的 10 亿倍，并位于一个旋转气盘的中心。这一气盘的直径可能超过 300 光年，其中的气体和其他残余物正在流入黑洞并释放出大量的能量。因此，天文学家正在寻找他们能找到的最远天体（它们是宇宙中最年轻、光度最高的物体），看看它们的行为是否像类星体。

已知距离我们最遥远的类星体于 1998 年被发现，称为 APM 08279+5255。我们看到的是它在宇宙诞生大约 16 亿年的时候发出的光。它的光度大约是我们银河系的 100000 倍。它中心的超大质量黑洞的质量大约是太阳质量的 230 亿倍。天文学家不知道如此巨大的黑洞是如何在大爆炸后这么快就形成的。这个黑洞的惊人成长速度高于每年 15 倍太阳质量！TON 618 这个类星体的中心是一个质量更大的超大质量黑洞。TON 618 距离我们 100 亿光年，它的光度是太阳的 140 万亿倍，质量为太阳质量的 660 亿倍。这意味着在其 30 亿年的寿命中，它在以平均每年 22 倍太阳质量的速度积累质量。

右图 超大质量黑洞霍姆伯格 15A 星系中心黑洞距离地球 7 亿光年，自大爆炸以来，其质量已增长到太阳质量的 400 亿倍以上。它发出的 X 射线可以被美国国家航空航天局钱德拉 X 射线天文台等天文台从地球探测到。

上图 美国国家航空航天局钱德拉 X 射线天文台探测到的与天鹅座 X–1 黑洞相关的恒星。这个伴生黑洞是不可见的，但它环绕着这颗质量是我们太阳质量 20 倍的蓝超巨星运行。

超大质量黑洞图像

黑洞是20世纪60年代天文学家首次提出的，它被看作一种在非常小的空间中产生大量能量的新形式。黑洞研究的挑战在于它们只能通过其对附近恒星和气体的引力影响被探测到。人们已经发现了恒星大小的黑洞在许多恒星的轨道上运行。其中离我们最近的是天鹅座X-1，距离地球3000光年。另一个被充分研究的黑洞位于我们银河系的中心，距离地球大约26000光年。在这两种情况下，我们都不能直接看到黑洞本身。我们要研究它们对附近恒星施加的引力。但在2019年，情况发生了变化。

天文学家将世界各地的8台射电望远镜获得的数据结合起来，并用这些数据合成了超大质量黑洞的第一张图像。这个黑洞位于室女星系团M87星系的中心，距离我们大约5300万光年。这个黑洞的质量是太阳的65亿倍，数十年来，对这个强大射电星系的各种独立研究表明，这个黑洞存在与否仍是个谜。在几个月的观察过程中，根据数万亿字节数据合成的图像揭示了吸积盘和黑洞的许多基本细节。

正如预期的那样，这个黑洞被一个发光的气盘包围，该气盘以超过322万千米/时的速度围绕超大质量黑洞运行。这个气盘在图像中看起来像一个在太空中发光的甜甜圈；因为黑洞的引力是如此之强，它导致来自黑洞后面的气盘的光弯曲，使其从我们的视角看形成了一个圆环，这个圆环的直径大约是0.01光年。圆环中心的黑洞包含黑洞本身，它的质量约为太阳的65亿倍。这意味着其事件视界的半径为195亿千米，大约是我们太阳系半径的4倍。相关的详细研究还表明，这个超大质量黑洞正在旋转，并且从我们的视角来看，它是顺时针旋转的。这只是天文学家将在未来几十年内使用事件视界望远镜直接成像的其他数百个超大质量黑洞中的第一个。天文学家还希望拍摄到在周围圆环中循环的物质，甚至拍摄到流向黑洞本身的物质的延时影像。

上图 活跃星系 M87 中的超大质量黑洞图像由事件视界望远镜射电天文台协会拍摄，该图像揭示了嵌在流入气体中的磁场螺旋模式。

星系团开始变得普遍

暗物质在宇宙中植入的隐藏引力井使普通物质无法逃脱，只能被其引力牵制。随着恒星和星系开始从更小的引力场中形成，它们循着更大尺度的暗物质模式聚集成星系团，甚至形成更大规模的纤维状结构和巨洞。通过绘制出我们所在的这一角宇宙中所有星系的位置，我们可以看到暗物质留下的印记。当黑暗时代和再电离时期在大爆炸后大约10亿年结束时，剩下的是星系的光斑，可以揭示这些更大规模的星系团是如何开始形成的。首先是两三个星系聚集在一起，然后是数十个、数百个，

于是星系团开始形成。暗物质提供的额外引力加速了这种聚集。如果没有暗物质，星系团和更大规模的纤维状结构的数量将大大减少。

已知最年轻的星系团之一 AzTEC-3 在大爆炸后 11 亿年时正在形成过程中。该星系团由 5 个较小的类似星系的物

下图 位于武仙座，距离我们大约 2.3 亿光年的 NGC 6052 是一对正在碰撞中的星系。最终，这两个星系将完全合并形成一个单一的稳定星系。

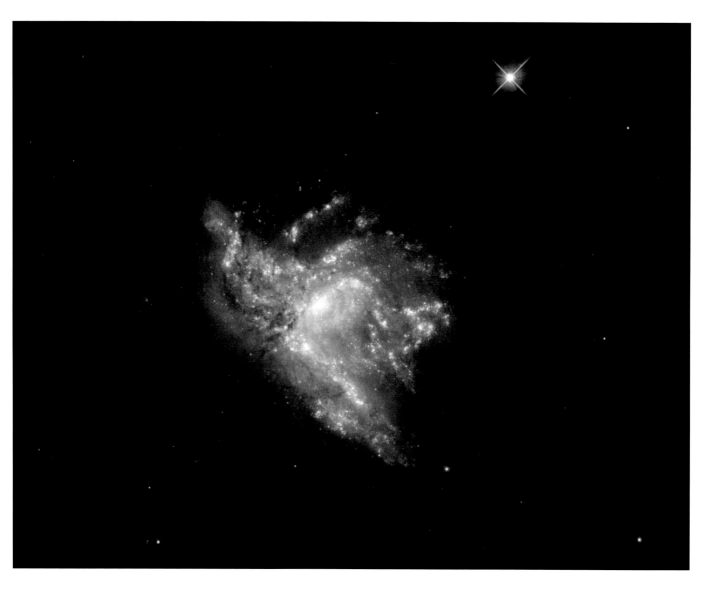

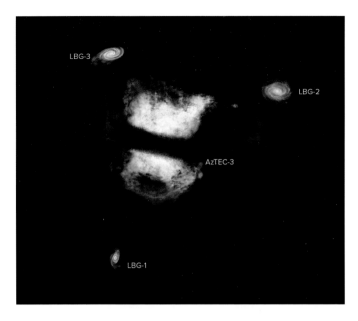

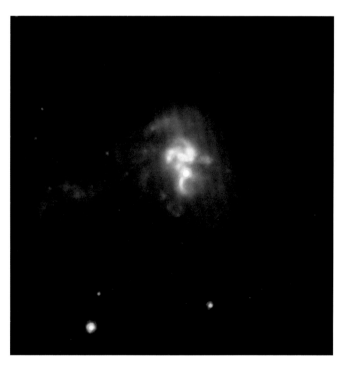

左图 艺术家对星系团 AzTEC-3 以及 3 个较小、较不活跃的星系的描绘。AzTEC-3 最近与另一个年轻星系合并，整个系统代表了形成星系团的第一步。

下左图 斯蒂芬五重星系是一组距我们 3 亿光年的星系，引力导致它们彼此相互作用进而形状发生扭曲。相互作用导致了新恒星的形成。图像显示的空间直径约为 500000 光年。

下右图 距离地球约 10 亿光年的 4 个星系正在图像中心的一个直径约 30000 光年的区域内发生碰撞和合并。由此产生的名为 IRAS 19297-0406 的红外源意味着碰撞每年产生大约 200 颗新的大质量恒星——比我们的银河系产生的恒星多 100 倍。

质团组成，每个物质团都以惊人的速度形成恒星。我们现在开始看到这个星系团中的一些小物质团如何聚集在一起并相互作用，最终成为一个更大的星系大小的系统。天文学家估计，到大爆炸后 22 亿年时，我们当前在我们周围看到的所有大质量椭圆星系团中有一半已经从这些合并事件中形成。

尽管使用功能最强大的望远镜也无法轻易看清宇宙早期历史上星系团的形成过程，但天文学家可以在附近的宇宙中对许多形成中的星系进行高分辨率研究。其中最引人注意的一个星系被称为斯蒂芬五重星系。其他星系，例如 NGC 6052 和 IRAS 19297-0406，也揭示了星系之间的碰撞如何建立更大的系统。经过数十亿年时间和数百次碰撞，小型矮星系可以成长为巨大的银河系大小的星系，这些星系在当前年龄的宇宙中是很常见的。

现代宇宙中星系的类型

椭圆星系是迄今为止数量最多、结构最简单的星系之一。它们看起来像是恒星组成的圆球，通常包含数十亿颗非常古老的星族Ⅱ恒星，这些恒星是更古老的星族Ⅲ恒星消亡后在宇宙中形成的。其中一些，例如仙女座矮星系M32的直径只有7000光年，并且仅包含大约30亿颗古老的红色恒星，在其中没有新恒星诞生的迹象，但它的中心确实有一个超大质量黑洞。现代宇宙中还存在巨大的椭圆星系，比如室女星系团中的M87星系，它和我们的银河系一样大，有超过2万亿颗恒星。它的中心包含一个超大质量黑洞，这个黑洞非常活跃，使M87成为天空中仅次于太阳的最强大的无线电源之一。

旋涡星系是宇宙中最漂亮的星系之一。它们有一个由恒星组成的星系核，从那里辐射出弯曲的、旋转风车形状的旋臂，这些旋臂由密集的恒星和星云组成。已知最小的旋涡星系NGC 5949的直径仅30000光年，恒星数量可能不超过100亿颗。但也有庞大的旋涡星系如NGC 6872，其直径是我们银河系直径的5倍，包含超过1万亿颗恒星。人们有时发现这些旋涡星系与在引力下相互作用的星系相关联，因此天文学家相信一些旋涡星系从相互作用的星系的碰撞中获得了它们形态惊人的旋臂。与很少或没有星际气体和尘埃来形成新恒星的椭圆星系不同，旋涡星系的质量有高达20%位于星际云中，这使得新恒星能够在数十亿年内稳步形成。这些恒星和星云中质量最大者决定了旋臂的形状。

上图 Abell S0740星系团位于半人马座方向，距离我们超过4.5亿光年。巨大的椭圆星系ESO 325–G004在星系团中心显得格外醒目。这一星系的质量相当于我们太阳质量的1000亿倍。

上图 M74是距离太阳3000万光年的完美旋涡星系，其规模和质量与我们的银河系大致相同。

棒旋星系是一类不寻常的旋涡星系，我们的银河系就属于棒旋星系。银河系是一个中等大小的棒旋星系，直径为100000光年，质量高达太阳质量的2万亿倍，其中包括了暗物质。棒旋星系与正常旋涡星系具有相同体积、质量和类型的恒星，但是，在棒旋星系的中心区域，恒星不是在圆形或椭圆形的轨道上围绕星系核运行的。相反，气体和恒星的轨道已通过共振效应重塑成棒状形态，然后通过引力相互作用保持不变。

不规则星系正如它们的名字所示，没有特定的几何形状，尽管有些可能存在旋臂的痕迹或明亮的核心区域。通常，这类星系中非常年轻和非常古老的恒星共存，与旋涡星系一样。在南半球可见的大小麦哲伦云是我们附近的壮观的不规则星系。不规则星系的半径约为银河系的10%，包含的恒星从100万到100亿颗不等。不规则星系可能在第一批恒星和星系的形成过程中发挥了重要作用，因为它们很容易被其他星系的引力撕裂，那些星系在此后可以利用它们的恒星和气体慢慢扩张自身。

特殊星系如其名所示，是对形状或其他方面特殊的星系的统称。很多时候，它们形状奇怪是由于最近与其他星系发生了碰撞，在某些情况下我们仍然可以看到碰撞正在进行中。特殊星系经常是恒星形成活动、超新星活动甚至超大质量黑洞释放能量的宿主。

上图 哈勃空间望远镜拍摄的棒旋星系 NGC 1300 距离太阳 6100 万光年，直径 11 万光年，比银河系稍大。

上图 不规则星系 NGC 4449 距太阳仅 1200 万光年，其半径和质量约为银河系的 10%。

上图 Arp 273 中的两个相互作用的星系距离太阳 3 亿光年，是看起来不像"正常"星系的特殊星系的一个例子。引力扭曲以及大量恒星形成活动使得这些星系的形状独一无二。

// 活动星系核

在大爆炸后最初的几十亿年里，星系仍在形成。它们最常见的扩张方式是吞噬和碰撞。碰撞是剧烈的，如同火上浇油，一些物质会充斥这些星系的核心区域，在那里，巨大的黑洞会消耗掉这些物质并释放出大量的能量。这些星系核被称为类星体。尽管它们是在20世纪60年代被发现的，但又过了30年，直到哈勃空间望远镜出现，才使得天文学家能够观察类星体的图像，看到它们实际的样子。天文学家发现，类星体似乎总是与星系的高密度核心区域有关，并且这些星系通常在碰撞和吞噬事件期间与其邻居相互作用。不知何故，一些星系核内的"怪物"吞噬了大量恒星和气体，从而释放出类星体光。

天文学家仔细研究了数千个类星体的距离，发现一旦宇宙年龄达到几十亿年，这些类星体的形成速度就变得非常快。这个类星体时代一直持续到现在。在这个时代形成的超大质量黑洞以猛烈的暴发式增长消耗了周围的所有物质，然后随着燃料耗尽而变得越来越暗，因此无法再被探测到。但是，如果又有物质开始流入黑洞，则可以重启补给过程。这种情况可以发生在星系碰撞的时候，而且会将气体和恒星置于可以与中央黑洞相交的轨道上。早在黑洞本身被认为是可能的能量来源之前，天文学家就已经确认了持续为中心超大质量黑洞提供能源补给的周围星系。天文学家已经发现了许多不同类型的活动星系和活动星系核，并根据它们的视形态加以分门别类。例如，具有明亮星系核和高速运动的气体的活动星系被称为赛弗特星系；光度随时间快速变化的活动星系核被称为蝎虎天体，天文学家曾经认为它们只是我们银河系中的一种特殊变星。射电天文学的出现确定了看起来很正常但却是巨大的射电源的星系，射电通常映射到远在"射电星系"本身之外的两个波瓣上。

在20世纪80年代和90年代，天文学家开始意识到活动星系核实际上可能是从空间不同方向观察到的一种现象。一个活跃地从其布满尘埃的吸积盘中吸收物质的超大质量黑洞，如果从侧面看，会像一个赛弗特星系，因为除了高速运动的气体之外，尘埃掩盖了几乎所有细节。黑洞附近的圆盘将以接近光速的速度喷射气体。沿着这些喷流的轴线看，你只会看到向你流动的喷流发出的刺眼光线。这种高速等离子体是团块状的，会产生在蝎虎天体中看到的快速光度变化。最后，一旦这种高速等离子体离开星系，它就会聚集到巨大的等离子体库中，这些等离子体库可以通过自身的射电辐射被探测到，呈现出经典的射电星系形状。

下图 类星体宿主星系，揭示出类星体辐射的来源是星系核内的一个小区域，它们的旋臂可以被辨识出来。图中 z 表示红移，2″表示角直径，右下角为类星体编号。

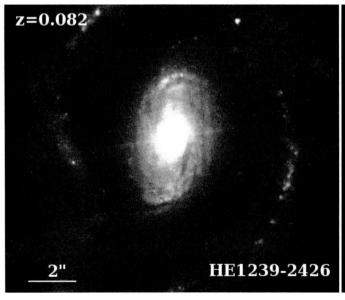

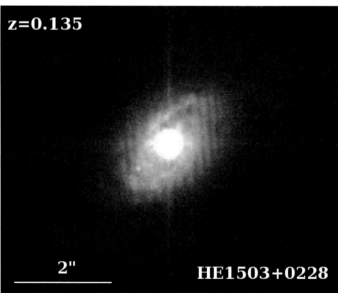

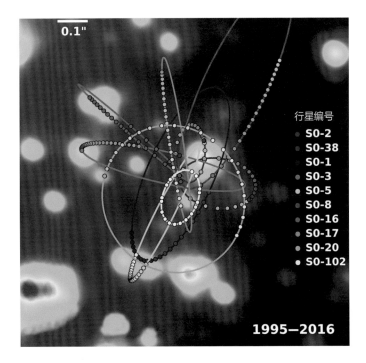

上图 NGC 7742，一个赛弗特星系，具有活动星系核，但辐射能量比类星体少。

左图 位于银河系的超大质量黑洞 Sgr A* 附近的恒星轨道，该黑洞的质量是我们太阳质量的 400 万倍，位于这些椭圆轨道的共同焦点。

下图 由椭圆星系武仙座 A 的中心超大质量黑洞的引力能驱动的壮观喷流。

超星系团和局部宇宙地理

花费 50 年在太空中探索我们的星系邻居之后，我们终于对我们的宇宙是什么样子有了一个很好的了解。我们的银河系和仙女星系形成了一对在宇宙中穿行的巨大旋涡星系。我们银河系不是在独自旅行，而是有其他 80 个较小的矮星系随行，这些矮星系被银河或仙女星系的引力所吸引。这个星系集合被称为本星系群，直径大约有 1000 万光年。银河系和仙女星系的直径非常大，每个星系都有大约 3000 亿颗恒星，而每个矮星系则包含几十亿颗或更少的恒星。不幸的是，仙女星系和银河系正以大约每 200 年 1 光年的速度相互靠近。再过 40 亿年，它们将发生碰撞。在此之前，许多矮星系可能最终会被仙女星系或银河系吞噬。

在更大的范围内，我们的本星系群本身也被其他单个星系和星系团所包围，例如室女星系团。室女星系团包含多达 2000 个星系，质量巨大，距离银河系约 5400 万光年。本

下图 本星系群中的星系形成了一个双星系系统，由两个巨大质量的星系——仙女星系和银河系，以及被它们的引力束缚的数十个星系组成。它们作为一个天体家族穿越太空。

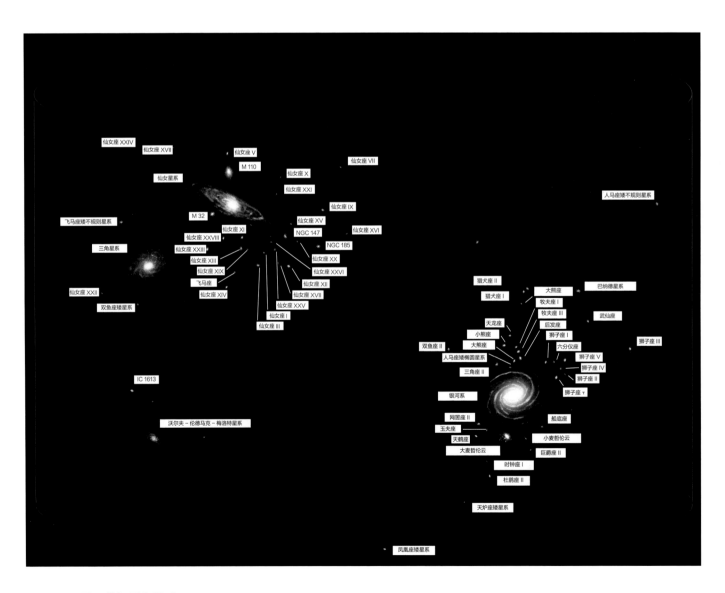

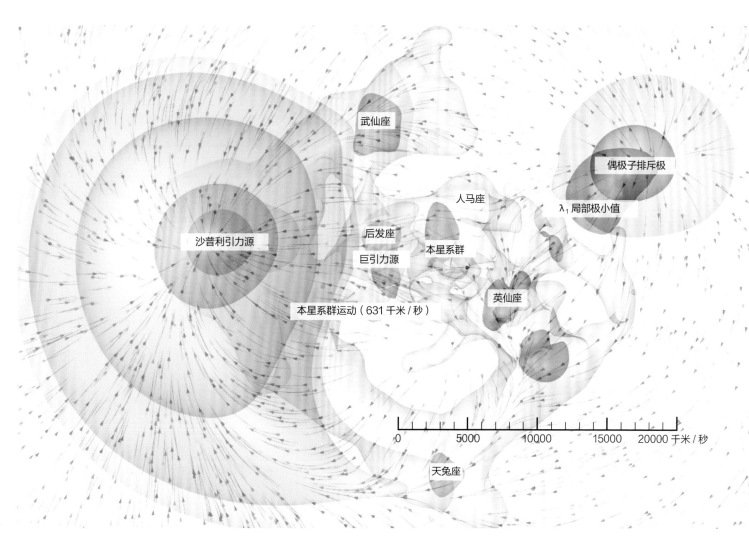

武仙座

偶极子排斥极

沙普利引力源

人马座

λ_1 局部极小值

后发座

本星系群

巨引力源

本星系群运动（631 千米 / 秒）

英仙座

| 0 | 5000 | 10000 | 15000 | 20000 千米 / 秒 |

天兔座

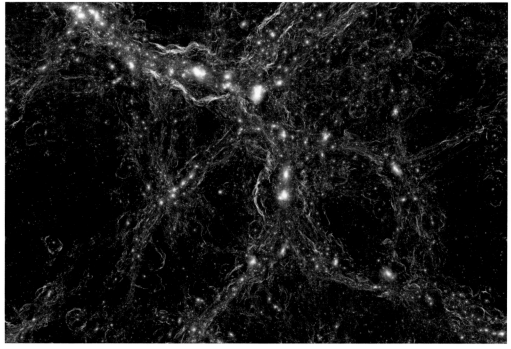

上图 拉尼亚凯亚超星系团（灰色）向沙普利超星系团（绿色）移动。箭头指示星系的运动方向。

左图 拉尼亚凯亚超星系团的可视化图像。该超星系团代表超过100000 个星系的集合，所占空间的直径超过 3 亿光年。图像显示了暗物质（暗紫色）和单个星系（亮橙色 / 黄色）的分布状况。

对膨胀宇宙中的引力的
模拟。随着时间的推移，
引力将物质聚集在一起，
形成大规模的形态。

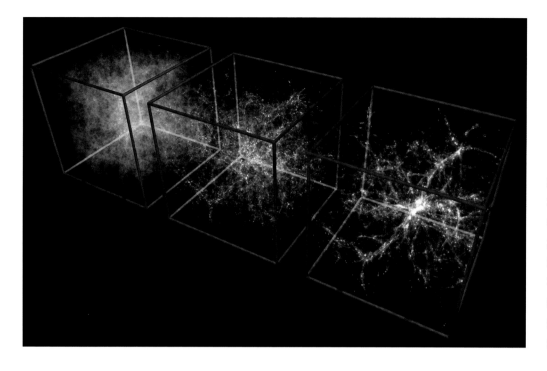

左图 天文学家发现，银河系是拉尼亚凯亚超星系团的一部分。拉尼亚凯亚超星系团包含 3 个主要超星系团，其中包括室女超星系团。星系不是随机分布在宇宙中的，而是成群或者呈纤维状存在于巨洞的边缘。当纤维状细丝相交时，就会形成超星系团。

星系群受到室女星系团的引力影响，正朝着室女星系团的中心前进。事实上，室女星系团质量巨大到已改变了其他 100 个类似我们的本星系群的星系团的运动，这些星系团中最远的距离室女星系团的中心 6000 万光年。天文学家将这一由 10000 多个星系组成的集合称为室女超星系团。室女超星系团被认为只是我们可见宇宙中的大约 1000 万个超星系团之一。

超星系团是由多个星系团组成的庞大集合，但绝不是通过宇宙制图发现的存在于我们宇宙一角的最大天体。宇宙制图的过程是单调乏味的，仅仅标注出从地球上可探测到的数百万个星系中的每一个都位于天空中的哪个位置是不够的。你还需要确定它们与地球的距离和它们的运动速度。距离可以通过几种不同的方法来确定，但要确定星系在太空中的运动速度，则是一个严峻的挑战。

要确定物体在三维空间的运动速度，就要测量其沿三个"轴"的每一个轴的速度。就像警察使用雷达枪测量汽车的速度一样，天文学家可以利用多普勒效应测量星系沿朝向和远离地球方向运动的速度。但是星系是如此遥远，天文学家可能永远无法测量它们在其他两个维度上的运动速度。因此，为了建立一个关于星系在太空中的位置、它们如何运动以及哪些物体对它们产生引力影响的模型，天文学家必须使用超级计算机和牛顿万有引力定律。他们制作了一个模型来反映从地球上观察到的星系在太空中的位置，通过仔细观察单个星系来估算它们的质量，然后利用多普勒效应预测从地球上观察到的星系的运动速度。他们调整星系的位置和质量，直到运行了数百万个这样的模型之后，找出预测值与观察结果非常相近的那些模型。

这些模型不仅提供了每个星系在太空中的三维位置，还告诉我们它们在星际空间中移动的方向。完成这一工作后，天文学家发现室女超星系团只是距银河系数亿光年范围内的十几个超星系团之一，这些超星系团被一个称为沙普利超星系团的大型星系集合的引力所吸引。质量巨大的沙普利超星系团的中心距离本星系群 6.5 亿光年，位于半人马座方向。我们的室女超星系团，连同其他超星系团一起，被命名为拉尼亚凯亚（Laniakea 在夏威夷语中有"巨大的天堂"之意）超星系团。

因为在当前的宇宙年龄，还没有足够的时间让单个星系跨越它自己所属的星系团，所以大多数星系团和超星系团实际上根本就不是引力束缚系统，而只是在宇宙的夜间短暂存在，可能终会消散在遥远的未来。

银河系

　　夜空中最耀眼的景象之一是一条巨大的银河横跨天穹。银河是神话的主要题材，并受到数千年的赞美，但直到最近我们才能够探测银河的真实范围和形状。银河系形似一个由恒星和星云组成的精致风车，在我们宇宙的黑暗星系际空间中气势磅礴地旋转着。它的中心有一个巨大而骇人的黑洞，而我们的太阳和它的恒星邻居们在27000光年的距离外每2.5亿年安全地绕中心旋转一圈。

数千年来，银河牢牢牵动着人类的想象力。在任何远离城市灯光的黑暗天空中都可以看到这条昏暗的光带充斥着无数的恒星和星云。

// 银河系的基本天体构成

通过对夜空的仔细研究，人们不仅看到了构成基本星座的不可胜数的恒星，还看到了星团和星云等较小的天体。这些星团中最著名的是昴星团，古希腊人早已认识它，并以希腊神话中阿特拉斯（Atlas）的女儿们的名字命名了昴星团的 7 颗星。已知最早的对昴星团的描述之一是在约公元前 1600 年青铜时代德国北部的内布拉星象盘上发现的。此外还有无法分辨的光斑，称为星云，其中最著名的是猎户星云，关于它的首次记录是在望远镜开始流行后不久的 1610 年。直到天文学家开始用望远镜对天空进行认真探究后，才真正认识到银河系不仅仅是由恒星组成的。如果你是一个"彗星猎手"，可参考的第一份星云星团表就是查尔斯·梅西叶 (Charles Messier) 在 18 世纪 60 年代使用一个小型的口径 10 厘米的折射镜观测后编写的。他发现的第一个天体"M1"是金牛座的蟹状星云，后来证明它是一颗超新星的遗迹。在包含 110 个天体的《梅西叶星云星团表》中，其他条目还包括形成恒星的星云如 M42（猎户星云），星团如 M45（昴星团），以及银河系外的星系如 M32（仙女星系）。威廉·赫歇尔（William Herschel）在 1786 年到 1802 年间使用口径 30 厘米和 45 厘米的望远镜观测并先后三次刊布了星云星团表，不仅包含了梅西叶刊布的天体，还将天体数量扩增至 2500 个。关于所有这些天体是什么的说法都是推测，因为没有人有任何好的方法来确定它们与地球的距离，更不用说地球到其中的恒星本身的距离了。从它们在太空的分布情况可以推断出一些非常基本的东西。

在太空中的银河光带之上和之下往往会发现小而暗淡的"河外星云"。其他明亮而不规则的星云（如猎户星云）往往是在银河光带之内发现的，而少数圆形的"行星状星云"似乎既在这条光带之内又在其之外，但看起来完全不像离银盘还要遥远得多的更暗淡的河外星云。现今，天文学家认识到了组成银河系的少数基本类型的天体。

目前已知的星团分两种：疏散星团和球状星团。疏散星团（例如昴星团）是由几十到几百颗从同一气体云中诞生的恒星组成的不规则集合，在靠近银盘的空间中作为一

上图 内布拉星象盘上描绘了昴星团、太阳和月亮。

个群体一起旅行。球状星团是由多达 100 万颗恒星组成的圆形系统，高高悬于银盘的上方，其中大多数恒星集中在人马座附近。

星云的形状非常多样，分为两种类型：暗星云和亮星云。暗星云，例如猎户座的马头星云，是在明亮的恒星或星云状物质背景下看到的暗气体云。这些星际云中尘埃太多，挡住了背景光源的光线。亮星云分为三大类：超新星遗迹、行星状星云和发射星云。超新星遗迹通常是圆形的，如天鹅圈，但也可以是不规则的，如蟹状星云。超新星遗迹被中心爆炸的恒星产生的强烈紫外线和 X 射线照亮，而恒星散射的物质构成了这类星云。行星状星云，如天琴座的环形星云，通常是圆形的，但也可以有复杂的领结或双极形状。当像我们的太阳这样的恒星结束它们的红巨星时期时，其外层喷射到太空中，留下一颗白矮星，行星状星云就会形成。发射星云，例如猎户大星云，是由年轻的大质量恒星在其发出的紫外线电离它们周围的星际气体时产

上图 由普通智能手机摄像头拍摄的银河照片。

生的。超新星遗迹、暗星云和发射星云都与年轻恒星的形成有关，因此在银盘非常常见。行星状星云是由演化的较老恒星产生的，可以在银河系盘面的上方或下方数千光年处发现。球状星团是我们银河系的卫星，只有不到 160 个，它们存在于银晕中，并且成了银晕的特征。

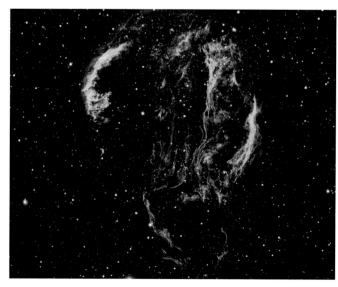

右图 天鹅圈是 21000 年前一颗超新星爆炸后的遗迹。

// 从内向外探索银河系的结构

几千年来，科学家都认为我们的宇宙及其中所有恒星都是球形的，因为那是天体最完美的形状。但是，在 5 世纪初，伽利略通过使用望远镜观测，很快看清了被称为银河的横跨天空的漫射光带，揭示了银河不是一些云雾弥漫的太空气体，而是百万颗以上难以计数的恒星发出的光在太空中汇聚而成的光带。

到 18 世纪晚期，英国天文学家威廉·赫歇尔完成了一项旨在绘制出银河系结构的测星研究。这项研究是一个冗长烦琐的过程，他将天空分解成一个几何网格，然后通过他的望远镜目镜，逐个数出每一格中的恒星数量。完成测量后，他发表了第一张从外部看银河系的天文图：银河系是一个鱼形的星系，有几根主要的"卷须"，其中大部分恒星聚集在

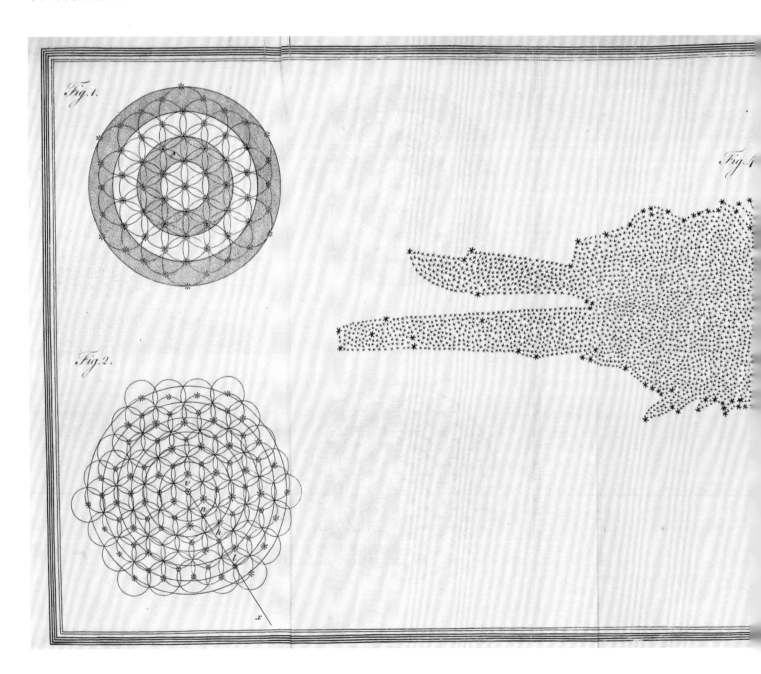

人马座方向的天空中。在他的著作《谈天》一书中，赫歇尔称这一结构为一个由数百万颗恒星组成的极为广大、分支众多的复合型集群。

威廉·赫歇尔和其他天文学家后来也研究了天空中的各种星云，这些星云看似光斑，但有些呈圆盘状或螺旋状。其中，猎犬座中的旋涡星云是由罗斯勋爵（Lord Rosse）在1845年至1850年期间根据他用巨大望远镜观测的形状详细勾画的，展示了一个被雾状旋臂包围的核心。

天文学家不久后就意识到这些星云有三种常见的形状：

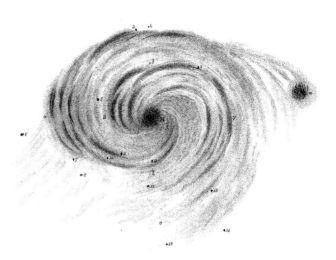

无定形光团，螺旋形，以及圆形或椭圆形的天体。当我们抬头快速看一眼夜空，除了平面螺旋形之外的其他所有形状都看不见，因为我们的天空从其他形状天体的内部看时四面八方都充斥着恒星，而不仅仅是在沿着银河的一条窄带上分布着恒星。大约在1900年，荷兰记者兼天文学家伊斯顿以惊人的洞察力提出，我们的银河系可能类似于一个旋涡星云，从而将这一设想转化为从地球上观测天空时这样的一个星系会是什么样子的这一视角。

此后，在1915年，美国天文学家沙普利计算了地球到数十个球状星团的距离，他认为这些球状星团是银河系的卫星，并发现无论银河系的形状如何，它的大部分质量集中在人马座方向距离太阳大约50000光年处。

早期天文学家遇到的令人困惑的问题之一是恒星的光度（天体真正的发光能力）。如果你把一个100瓦的灯泡放在离你远近不同的位置，它在你眼里会显得更亮或更暗。通过平方反比定律将其距离与亮度相关联是简单的事，因此天空中昏暗的星会比明亮的星距离我们更远。问题是，恒星并不都是"100瓦灯泡"。天文学家直到20世纪才意识到它们的辐射功率差异很大，因此你无法直接将它们在天空中的亮度与地球到它们的距离联系起来。例如，天鹅座中肉眼可见的天津四看似与狮子座中的轩辕十四一样明亮，但天津四的

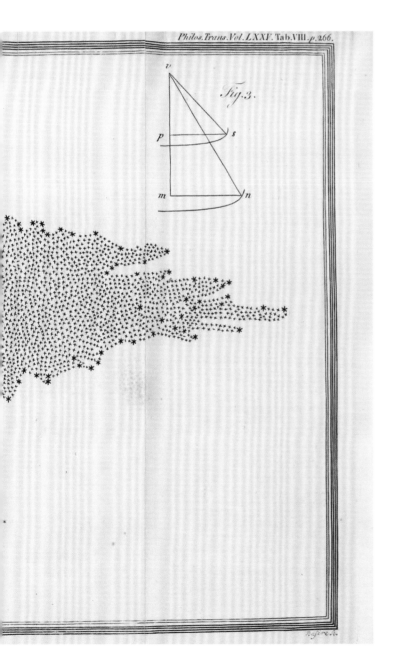

上图 罗斯勋爵所绘的第一张旋涡星云（M51）素描。

左图 赫歇尔的银河图是用目镜"测星"数千小时的产物。奇怪的形状源于假设所有恒星都具有完全相同的光度，并且它们的光没有被星际尘埃遮蔽。

光度是我们太阳的 196000 倍，而轩辕十四的光度仅为太阳光度的 288 倍。天津四距离太阳 2600 光年，而轩辕十四距离太阳只有 80 光年左右。赫歇尔绘制银河系星图时尚无法确定恒星距离，因此他没有意识到这种光度差异。这导致了银河系星图在某些方向被透视压缩而在另一些方向被扩大。

直到 1930 年，天文学家罗伯特·特朗普勒 (Robert Trumpler) 宣布星际空间包含能够使星光变暗的尘埃时，人们才认识到银河系的这个特征。在某些星云中，例如猎户座的马头星云中，这种云状尘埃可以极大地改变它们相邻的亮星云的视形态。星际尘埃无处不在，导致恒星与地球的距离增加时，恒星的亮度就会下降。赫歇尔的银河系星图是基于恒星亮度绘制的，荷兰天文学家雅各布斯·卡普坦（Jacobus Kapteyn）在 1922 年做了使其看起来更接近椭圆的改进，但他们均没有考虑星际尘埃使星光变暗的情况，这导致一些模型估算的银河系直径为 30000 光年，厚度为 6000 光年，但无法解释沙普利的球状星团距离所暗示的银河系的实际规模。

下图 距地球 7800 光年处的球状星团 NGC 6397 图像显示许多红色和蓝色的恒星聚集在一个只有几光年宽的紧密核心中。该星团的年龄为 134 亿年，在大爆炸后不久形成。现今，它包含非常古老的红巨星和蓝巨星。蓝色恒星要年轻得多，是由一些较老的恒星之间的碰撞产生的。

猎户座中的马头星云是一个生动的例子，黑暗的前景灰尘挡住了来自更遥远的恒星和它后面的亮星云的光。

// 星族

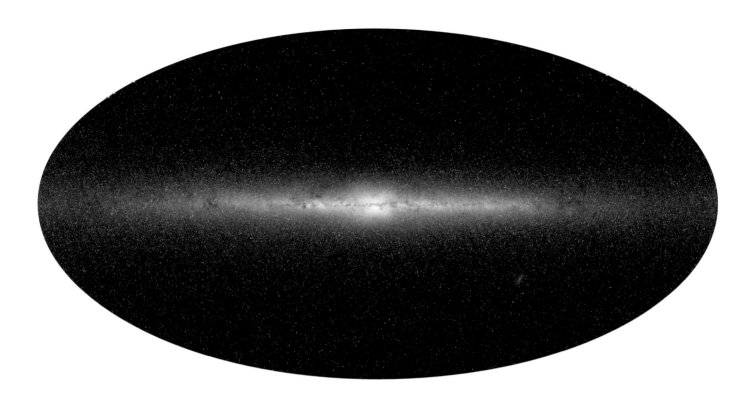

上图 银河系中的恒星可以分为几个不同的星族，包括较老的晕族（极端星族 II）、厚盘族和薄盘族等。当银河系在约 130 亿年前形成时，每一族都诞生于不同的演化事件。

天文学家最先了解到的事情之一是，我们的银河系恒星系统实际上包含许多不同的星族——每一个星族都有自己的历史，可以追溯到大爆炸本身。

我们的银河系嵌在一个巨大的恒星晕中，从其核心区域向外延伸至少 500000 光年。星族 II 恒星几乎不含铁或氧等重元素，并且可能属于大约 130 亿年前在我们银河系中诞生的第一批恒星。球状星团内充满了这些"缺少金属"的恒星。此外，我们银河系的核球有一个星族，它们富含一些重元素。银核和银晕中的天体合起来是我们银河系中最古老的星族，但它们嵌在一个更大的暗物质晕中，暗物质晕的暗物质总质量是可见恒星、气体和尘埃质量的 10 倍以上，尽管这种暗物质除了其引力影响之外是完全不可见的。

当我们探索遥远的宇宙，绘制在大约 120 亿年前形成的较年轻星系的图像时，我们也可以转向我们自己的银河系，从内向外观察这一形成过程。显然，我们银河系的银晕最初是在那些消失已久的大质量星族 III 恒星的超新星爆炸中形成的，爆炸产生的稍微丰富的物质积累成了银晕。星族 II 恒星随后形成，事实上，这些古老的恒星中有几颗已经确定了形成年代。名为 J0815+4729 的恒星位于距离太阳 7500 光年的银晕中，很可能在大约 135 亿年前的大爆炸后仅 3 亿年形成。天文学家已经为这些高寿恒星中的 8 颗测算出了年龄，它们已经存在了 132 亿年以上。相比之下，在环绕银河系运行的大约 150 个球状星团中发现的恒星可能略微年轻一些，其中许多形成于大约 120 亿年前。

在这个由较古老恒星和球状星团组成的球形集合体中，有一个扁平的圆盘，圆盘中恒星的年龄可能在 100 亿年或更小，并且含有更多的重元素。星族 I 恒星的质量与我们的太阳相近或略小一些，它们的质量中有高达 3% 是比氢和氦更重的元素。它们中的许多在 120 亿年后的今天已经走到了生命的尽头，并且正在演化成以白矮星为核心的行星状星云。当天文学家绘制出行星状星云在天空中的位置时，他们得到的图像遵循厚盘族的太空分布规律，在银盘的 1000 光年范围内分布。

上图 这个球状星团名为 M80(NGC 6093)，是银河系中已知的大约 150 个球状星团中密度最大的星团之一，年龄约为 120 亿年。

最后，在一个只有几百光年厚的薄盘中发现了年龄不到几十亿年的最年轻的臂族（极端星族 I）恒星。银河系中许多大质量恒星都在这个区域被发现，并且仍然离形成它们的残余气体和尘埃很近。这些恒星富含金属元素，在某些情况下甚至比我们的太阳含有更多的重元素。该星族中质量较大的恒星在超新星爆炸中大量出现。自从我们的银河系形成以来，已经发生了数百万次这样的事件，使星际空间中充满了富含重元素的气体。

天文学家发现银盘中的年轻恒星通常靠近形成它们的致

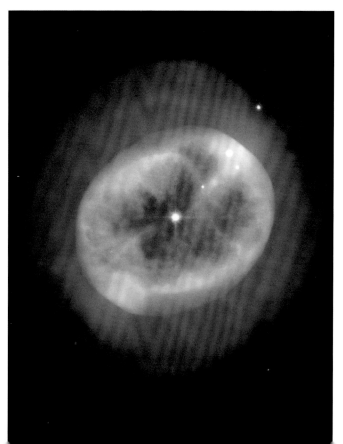

右图 行星状星云 NGC 2022，距离太阳 8200 光年。它是一颗质量稍大于我们太阳的恒星的遗迹。

猎户星云及其相关的年轻大质量恒星组成的星团的年龄不到 500 万年。该星团是最近的小质量和大质量恒星的孵化场之一，距离地球约 1350 光年。

上图 这张图片显示了位于蛇夫座的距离太阳 400 光年的暗星云 Barnard 68。在可见光波长下，由于被其内部的尘埃粒子遮蔽，小型星云是完全不透光的。这类星云在银盘中十分常见。

密气体云，这也决定了银河系旋臂的位置。其中有的气体云离太阳很近，只有几百光年，可以看到它们遮住了更远处恒星发出的光。这些暗星云的密度高达普通星际氢气云密度（大约每立方厘米 1 个氢原子）的几百万倍，并提供了在其内部形成恒星所需的物质。通常，在星云消散之前，每次会有不止 1 颗恒星形成，留下了称为疏散星团或开放星团的恒星集合。

左图 SN 1006 超新星遗迹。巨大的恒星爆炸时将比氦重的元素散射到星际介质中，新恒星从中诞生，并富含重元素。

// 银河系的形状

卡尔·央斯基（Karl Jansky）于1933年发现宇宙射电，以及稍后在20世纪40年代荷兰天文学家扬·奥尔特（Jan Oort）和美国天文学家珀塞尔（F. M. Purcell）的后期工作，最终使天文学家能够在银河系范围内的任何地方探测到氢气云。这些氢气云的运动速度和方向随即被用来绘制它们在太空中的位置，从而揭示出一个风车状的扁平气体云系统，它有几条清晰的旋臂。到20世纪50年代后期，我们的银河系确实是某种旋涡星系便已经很明显了，但它的大部分结构都隐藏在浓密的尘埃中，这些尘埃阻挡了距太阳数千光年之外的星光。

我们银河系的一个有趣特征是它在空间中自转。其具体速度取决于与它的中心的距离，就像我们太阳系中的行星离太阳越远其公转速度越慢一样。这不是随机的轨道或自转速度减慢，而是根据牛顿万有引力定律，由轨道内部的质量大小精心设定的。这个结果被称为较差自转，因为离中心越远，

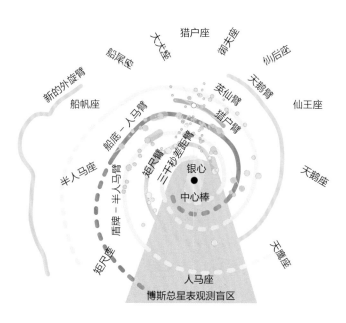

上图 在图中，顶部的黄点表示太阳，银河系的旋臂用不同的颜色表示，以突出显示哪个结构属于哪个旋臂。

下图 射电天文学家绘制的第一批银河系星际氢分布图之一，显示了一个明确的旋臂图案。我们的太阳位于十字的中心，银河系的中心在 "C+" 点。

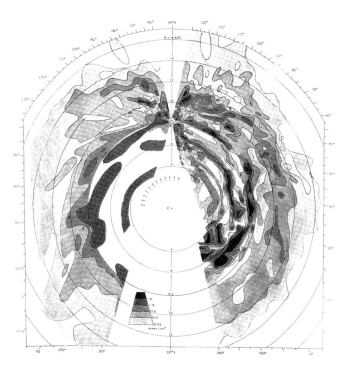

速度就会越慢。但随着时间的推移，射电天文学家在氢气云速度的测量结果中发现了一个矛盾。离中心最远的气体云以及与它们相关的恒星运动速度之快理应使它们轨道内部所有恒星的引力都不能将它们束缚在银河系中。换句话说，银河系中那些离中心遥远的恒星应该在数十亿年前就飞离我们的银河系了。某种不以恒星和气体的形式存在却能产生自身引力的东西似乎存在着，使银河系不至于真的分崩离析。这种物质被称为暗物质。它的整体形状是银河系嵌入了一个巨大的暗物质球体，这样存在的暗物质的质量几乎是银河系中可见恒星、气体和尘埃的质量的10倍以上。在其他许多星系中也检测到了同样的"超自转"效应，因此我们的银河系并不是唯一一个拥有如此巨大暗物质晕的星系。

在20世纪70年代，天文学家还探测到一氧化碳和甲醛等简单分子的无线电辐射。这些分子是在密度超过每立方厘米1000个分子的氢气云深处形成的。当把这些分子云数据添加到星际氢分布图上时，关于银河系形状的更多细节就出现了。在我们的银河系周围几乎可以完全追踪到多达6条突出的旋臂。我们的太阳和太阳系位于较远的英仙臂和船

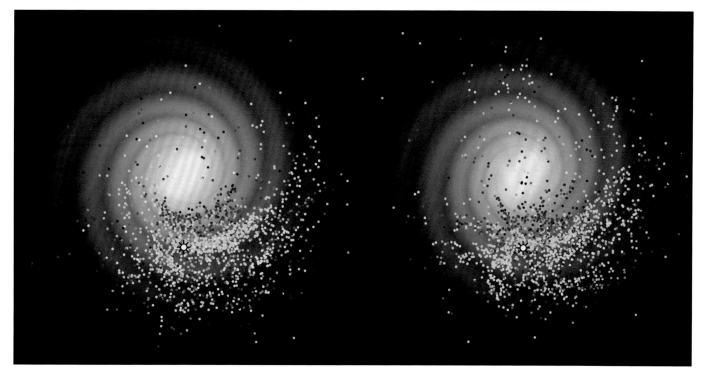

上图 使用一类称为造父变星的变星，天文学家可以绘制出其中最古老的恒星（红色），年龄为 4 亿年，和最年轻的恒星（蓝色），年龄为 3000 万年。它们一起帮助绘制出我们银河系附近的旋臂。太阳位于黄点附近。

底－人马臂之间，在一个被称为猎户臂的由恒星、气体和尘埃组成的小旋臂上。在距离人马座 26000 光年的地方，在银河系中心有一个巨大的恒星隆起，还有许多迹象表明，这一空间区域在过去的数千万年里受到了极大的干扰。气体运动似乎不再像银盘其余部分那样平滑旋转。

经过几十年的研究，通过使用多种不同的示踪物，从脉冲星和行星状星云到疏散星团，我们终于对银河系的样子有了很好的了解，至少我们可以从内部测量推断出它的形状。这本身就是一项非凡的成就，几乎就像站在法国埃菲尔铁塔下绘出巴黎的街道平面图一样。人们曾多次尝试利用所有的天文数据来绘制一幅逼真的银河系图像。最有趣和最巧妙的一幅银河系图像是在 2013 年创作的，它结合了来自各种天文研究的数据，加之实际旋涡星系变形的细节，以获得尽可能精确的旋臂纹理，至少在视觉上如此。

目前绘制的银河系图像是银河系的模拟形状，并加入了一些艺术和合成处理的元素，那么我们还能找到可能看起来像我们自己的星系的任何实际的旋涡星系吗？幸运的是，旋涡星系在宇宙中非常常见，所以我们要做的就是将我们的数据与我们看到的形状相匹配，并找到最接近银河系的星系。

下图 一位艺术家对银河系的构想。

与银河系最形似的孪生星系

现在介绍一组旋涡星系，它们每个都有与我们的银河系共享的元素。对我们星系外观的艺术渲染无法捕捉实际星系的所有微妙细节。好在大自然有一个更好的模型库可供选择，在这些模型中，我们可以一瞥银河系的真实面貌。我们知道的一些基本的东西可以作为指导。

银河系是一个有着非常厚的絮状旋臂的棒旋星系。它的直径约为10万光年，包括暗物质在内的总质量约为太阳质量的1.5万亿倍。我们还知道其主要旋臂的大致大小和分布，以及太阳附近分子云的薄层的大小与分布。以下是银河系的一些可能的"孪生星系"。

上图 距离太阳 3.84 亿光年的星系 UGC 12158，直径为 14 万光年。

上图 NGC 3344，距太阳约 2000 万光年，直径为 4 万光年。

UGC 12158

就直径和质量而言，最接近银河系的星系可能是位于飞马座的UGC 12158，距离太阳3.84亿光年。它的直径为14万光年，大约比银河系直径大40%。它是一个棒旋星系，其中心棒比我们银河系的稍大。它也有与银河系大约相同数量的旋臂，但它们的亮星云中的恒星形成活动似乎不如离我们太阳最近的旋臂中那么多。

NGC 3344

NGC 3344距离太阳约2000万光年。它的直径是4万光年，只有我们银河系直径的40%。它还有一个相当大的中心棒，大约是我们认为适合银河系大小的2倍，但亮星云的数量和恒星形成活动似乎更接近我们的银河系。

NGC 6744

NGC 6744是一个距离太阳约3000万光年的巨大棒旋星系，直径约20万光年，是我们银河系直径的2倍。其棒旋核球的大小占整个星系的比例很接近我们的银河系，恒星形成

上图 NGC 6744，距太阳约3000万光年，直径约20万光年。

活动和星云与我们银河系中的一样丰富。但它的旋臂不如银河系的明晰，并且有许多旋臂碎片，而在对银河系的射电研究中似乎没有显示出这些特征。

// 银河系：星系吞噬者

像宇宙中的其他许多星系一样，我们的银河系并不是独自在太空中穿行的。作为包含至少 50 个星系的本星系群中最大的两个星系之一，银河系的引力能够穿过星系际空间并影响附近其他星系的运动。其中大部分，像大小麦哲伦云，实际上是银河系的卫星。它们离银河系足够近，导致它们的形状被银河系的巨大引力扭曲了。它们可能会以这种方式存在数十亿年，但银河系附近的其他矮星系就没有这么幸运了。

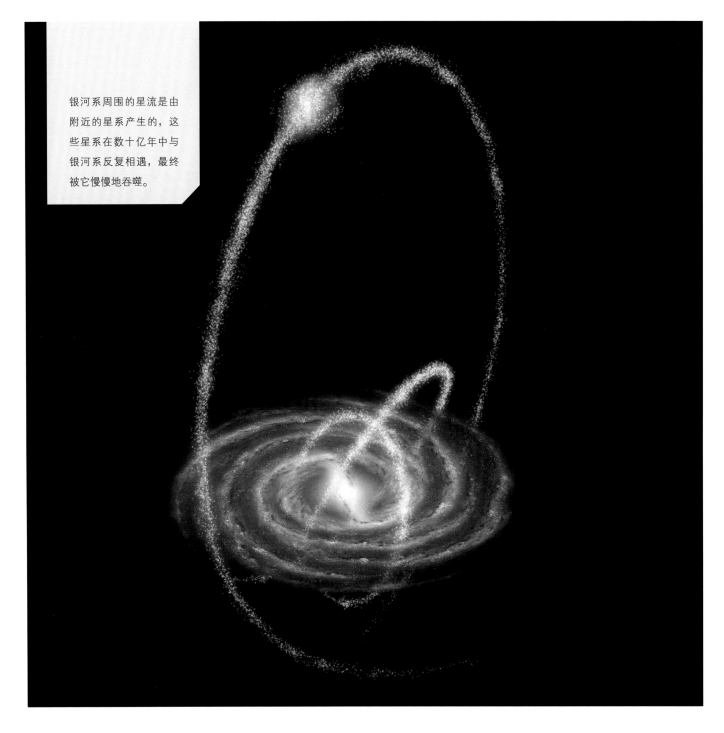

银河系周围的星流是由附近的星系产生的，这些星系在数十亿年中与银河系反复相遇，最终被它慢慢地吞噬。

上图 与盖亚－香肠－土卫二星系合并时，我们的银河系还处于自己的婴儿期，没有呈现出其现代的棒旋形状。很有可能银河系目前的棒旋结构至少一定程度上是由这次合并造成的。

对我们银河系内部及其紧邻环境中恒星和气体的详细研究表明，在过去的 100 亿年里，银河系实际上已经吞噬了几个矮星系。人们仍然能发现这些星系中的恒星在它们原来的轨道上运动并在天空中形成星流和星河。银河系吞噬的这些古老"大餐"之一是一个现在被命名为盖亚－香肠－土卫二的星系。它是一个拥有约 500 亿颗恒星的大型星系，并带有它自己的 8 个球状星团。2013 年发射的盖亚卫星对太阳附近的 10 亿颗恒星进行了精确测量，并发现了银河系与盖亚－香肠－土卫二的这次古老碰撞中形成的一些恒星。球状星团 NGC 2808 是围绕我们银河系运行的最大星团之一，一些天文学家推测它实际上是盖亚－香肠－土卫二这一古老星系的核心。更近期的情况有，人马矮星系已经绕行了银盘好几圈，下一次合并事件将在 1 亿年后发生。人马矮星系每绕行银盘一圈都会失去一些质量，直到最终与我们的银河系完全融合并消失，但最糟糕的还在后头。

再过 40 亿年，银河系附近的仙女星系将以大约 70 万千米／时的速度与银河系相撞。在接下来的 10 亿年里，这两个巨大星系的碎片在定型为一个被称为 Milkomeda 的新星系之前，将四处碰撞。这一新星系将形似一个巨大的椭圆星系，周围环绕着由气体和尘埃组成的分子云。这两个星系的中心超大质量黑洞将会随着时间的推移融合在一起，并产生类星体般的物质核心，直到大部分或全部星际物质被消耗殆尽。然后黑洞可能会休眠千百亿年，因为至少在未来的 100 亿年里，没有已知的类似的大型星系会与这一新星系碰撞。

下图 这张图显示了我们的银河系与邻近的仙女星系之间预计合并的一个阶段，它将在接下来的数十亿年中逐渐发生。在这张展示 37.5 亿年后地球夜空的图像中，仙女座（左）占据了整个视野，并开始通过其引力"潮汐"的拉力使银河系扭曲。

行星系统

从20世纪90年代开始，强大的超级计算机和望远镜的出现使天文学家能够发现行星系统的形成细节。他们不仅可以用超级计算机模型检验详述的理论，而且望远镜拍摄的正在形成中的太阳系的壮观图像也日益成为揭示行星形成主要阶段的常用资源。数千颗围绕遥远恒星运行的行星的发现，也让人们重新对发现太阳系以外的宜居星球产生了兴趣。对系外行星的研究不再是科幻小说的虚构，这项研究在过去10年蓬勃发展，并向我们揭示了太阳系有多么独特。

银河系中有大量的行星系统，其数量能轻易超过恒星本身的数量。尽管关于它们的具体细节的科学知识还很初级，但已经足够让艺术家们以合理的细节来描绘它们。一些流浪行星甚至可能不受恒星的引力束缚，而是在星际空间中自由漫游。

// 原行星盘

自从 1775 年伊曼努尔·康德（Immanuel Kant）提出行星是由旋转的气体圆盘形成的这一精妙观点以来，天文学家已经发现了许多围绕着幼年恒星旋转的气体圆盘，并称之为原行星盘。与此同时，天体物理学家用超级计算机模拟这些气体应有的行为以及行星如何能从它们中形成，他们在模拟中开发出了复杂的数学模型。以下是原行星盘的工作原理。

在密集的星际云的一部分坍缩成原恒星球状体后，该球状体中心的密度继续增加，最终将积累足够的质量，成为一颗新生的原恒星。同时，由于气体云在旋转，它在原恒星周围形成了一个扁平的圆盘。原恒星加热气体圆盘中的气体，将离它最近的气体加热到数千摄氏度，而在最外层的气体仅被加热到绝对零度以上几百摄氏度。在这个温度范围内，可以形成复杂的化合物。富含硅酸盐的高熔点矿物在圆盘内部区域变得常见，而水和其他挥发性气体构成的水合物在原行星盘寒冷的外围变得常见。这个圆盘中的物质一开始富含只有几微米大小的尘埃颗粒，但通过在圆盘致密物质中的碰撞，

上图 一个关于原行星盘的艺术构想。

这些尘埃颗粒迅速增长到毫米、厘米和米级大小。这些碰撞必须足够温和，才不会打散不断增加的物质。经过数百万年的时间，气体圆盘变得丰富起来，形成了无数大小和质量各异的天体，从沙粒大小的天体到直径数百千米的小行星。

当行星形成时，它们从其所在区域的常见物质中积累起来。在可以延伸到在我们自己的太阳系中火星轨道那么远处的内盘区里，富含硅酸盐和铁化合物的岩质行星普遍存在，而在该区域之外，富含携带微量硅酸盐的冰的天体则变得常见了。在这一过程中，当一个天体吸积了足够大的质量，长到比地球质量的 10 倍更大时，就会产生不确定性。此时，它就像一个宇宙吸尘器，具有巨大且不断增长的引力影响。它在几百万年内迅速成长，成为一颗巨大的行星，就像我们太阳系的木星、土星、天王星或海王星一样。行星清扫气体尘埃环时留下的空白可能大到实际上可以在原行星盘本身中看到。一个典型的例子是距离我们太阳只有 450 光年的金

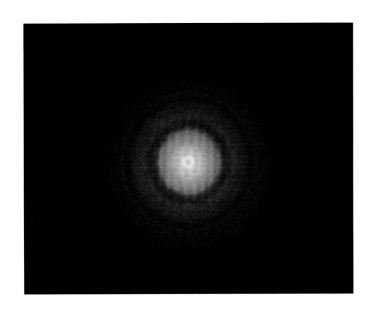

左图 这张长蛇座 TW 恒星的图像是用阿塔卡马大型毫米波 / 亚毫米波列阵望远镜拍摄的，它显示了由几颗行星的形成造成的原行星盘中的环状空白。这颗恒星距离太阳 175 光年，年龄只有 1000 万年。较大的环状空白位于距恒星 22 天文单位处，这一距离相当于太阳到天王星的轨道的距离。

牛座 HL。较小的行星需要更长的时间来形成，因为它们没有巨大的引力辅助来积累物质，所以必须以非常缓慢的速度直接碰撞。如果碰撞速度过快，正在形成的行星会在撞击后破碎，行星的构造过程几乎要从头开始。我们的地球可能花了 2000 万年才形成。即使在今天，地球仍然每年积累超过 56000 吨的小行星和陨石物质，所以严格说来，它仍然是一颗正在形成的行星。

由于望远镜设计和成像技术的巨大进步，对围绕附近恒星运行的真正行星的搜寻已经持续了几十年。在第一批被直接成像的太阳系以外的行星中，有些行星围绕距离我们的太阳 120 光年的 HR 8799 恒星运行。HR 8799 的三颗木星大小的行星是由帕洛马天文台的口径 508 厘米的海尔望远镜成像的，并采用了星际日冕仪等新技术使图像更清晰。星际日冕仪屏蔽了恒星自身发出的强光，这样就可以探测到来自绕行行星的暗淡的光。随着技术的不断改进，天文学家已经能够在御夫座 AB 星、PDS 70b 和长蛇座 TW 等年轻恒星的原行星盘中确确实实地发现大质量行星的形成迹象。

下图 一位艺术家对绕行恒星 HR 8799 的行星的想象。

// 太阳系以外的行星

从20世纪90年代中期开始，天文学家开始使用先进的光谱仪器和设备寻找围绕附近恒星运行的行星的迹象，这些仪器可以测量恒星亮度的极微小变化。当一颗行星围绕一颗恒星运行时，它的引力会牵引该恒星，使其移动。使用分光仪可以以每秒几米的精度检测到这种运动。当一颗恒星的轨道行星遮住该恒星，使其星光变暗时，灵敏的测光仪会探测到该恒星亮度的周期性下降。然而，最早被确认的行星并不是通过凌星法和光谱技术发现的。

1990年，波兰天文学家亚历山大·沃尔兹森（Aleksander Wolszczan）详细研究了他发现的距离太阳2300光年的脉冲星PSR B1257+12，他注意到该脉冲星的轨道和自转有些奇怪。2年后，他和美国天文学家戴尔·费雷欧（Dale Frail）得出结论，自转周期异常是由3个小天体引起的，它们围绕脉冲星运行的距离仅为 7×10^7 千米，而且这些天体的质量还不到月球的2倍。接着，在1995年，瑞士日内瓦大学的天文学家米歇尔·马约尔（Michel Mayor）和迪迪埃·奎洛兹（Didier Queloz）利用光谱技术，探测到一颗木星大小的行星围绕距离太阳仅50光年的飞马座51恒星运行。这是我们发现的第一颗围绕普通类日恒星运行的系外行星。在1995年到2011年间，结合凌星法和光谱技术，又发现了67颗围绕其他恒星运行的系外行星。

2008年，美国国家航空航天局发射了开普勒空间望远镜，对天鹅座方向的近16万颗恒星进行了成像处理。开普勒每隔29分钟记录一次这些恒星的亮度并计算亮度的平均值，然后将数据传回地球。天文学家随后使用计算机程序搜索周期性星光变化的迹象，从地球上看那可能是一颗行星穿过恒星的表面。2011年开普勒空间望远镜探测到了最初5次系外行星凌星，到2018年任务结束时，它已经发现了4800多颗系外行星，其中2662颗已得到确认。在短短的20多年里，我们从在宇宙中只了解我们的太阳系所包含的

下图 开普勒空间望远镜探测到的系外行星可以分为特定的类型。水平线分别标志着木星、海王星和地球的大小。右下方的灰色阴影三角形标志着未来系外行星调查将探索的系外行星边缘地带。图中的行星非常小，距离它们的恒星很远。

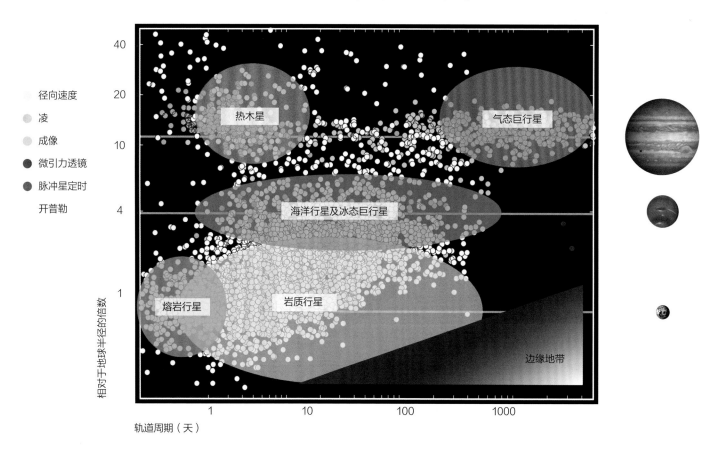

名称	距地距离（光年）	恒星类型	轨道距离（天文单位）	轨道周期（天）	质量（地球 =1）	系外行星类型
[半人马]比邻星 b, c	4.2	红矮星	0.05, 1.5	11,1928	>1.2,7	类地行星，超级类地行星
巴纳德星 b	5.9	红矮星	0.43	232	>4.2	超级类地行星
沃尔夫 359 b, c	7.9	红矮星	1.8, 0.02	2940,2.7	>44,>3.8	超级类地行星
拉兰德 21185 b	8.3	红矮星	0.07	9.8	>2.9	超级类地行星
波江座 ε 星	10.4	K 型主序星	3.4	2500	450	类木行星
拉卡伊 9352 b, c	10.7	红矮星	0.07, 0.12	9.3,21.8	>4.2,>7.6	超级类地行星
罗斯 128 b	11.0	红矮星	0.05	9.9	>1/4	类地行星

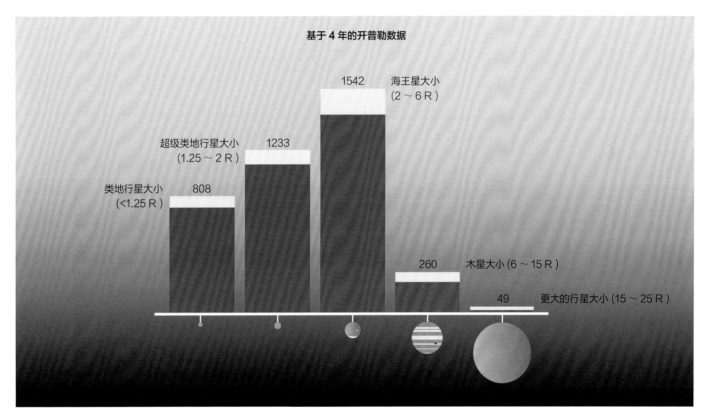

上图 在迄今为止探测到的数千颗系外行星中，地球大小的系外行星并不少见，约占已知系外行星的四分之一。R 表示地球半径。

已知行星出发，发展到建立了一个大小和成分五花八门的惊人的系外行星目录。这是有史以来第一次，我们让太阳系以外的行星的存在成为生活中的一个事实，而不仅仅是存在于科幻小说中的想象。天文学家使用这些数据来"看"系外行星的可能的样子，这是发挥独创性和基本物理学应用的一项引人入胜的研究。天文学家可以利用凌星周期以及恒星的已知质量来确定绕行行星与其恒星之间的距离。根据光线变暗的程度，可以计算出行星的直径。另外，利用光谱研究的数据，可以量化恒星和行星轨道上微小速度变化所揭示的恒星与行星间的引力消长，并由此得出行星的质量。一旦知道行星与其恒星的距离，就可以计算出该行星的表面温度，而根据它的质量和直径，就可以确定它的密度。在很短的时间内，天文学家已经发现了数千颗行星，并确定了其中许多行星的直径和密度。他们发现，行星的直径各不相同，它们基于密度的特性可以与我们太阳系中的行星进行比较。

以目前的技术，我们更容易探测到海王星大小或更大的系外行星，因此也难怪我们看到的大量的系外行星中这样大的行星比地球大小的行星要多。对系外行星的所有探测中超过 96% 是针对直径为地球 2 倍以上的系外行星。目前对地

球大小的系外行星的探测每年都在稳步增加。据目前的估计，每颗恒星都有至少一颗系外行星，并且 20% 的恒星有一颗地球大小的行星。由于直径、质量和表面温度的巨大差异，这些行星的形态有着几乎无法想象的各种可能性，从冰封的行星和完全被海洋覆盖的行星，到真正天降液态铁雨的"地狱"般的行星，形态各异。

系外行星的直径、质量和密度很大程度上决定了它将成为什么类型的系外行星。地球大小或更小的系外行星是类似于我们太阳系内行星的岩质行星。质量约为地球 5 倍的海王星大小的行星将有一个厚厚的液态海洋，并且可能没有大陆板块。当直径达到约地球的 10 倍时，这颗行星就会成为一颗气态巨行星，就像木星或土星一样。这些系外行星的形成能量足够大，使它们仍然是明亮的红外源。然而，系外行星的大小是有极限的。一旦它的质量达到木星的 13 倍左右，

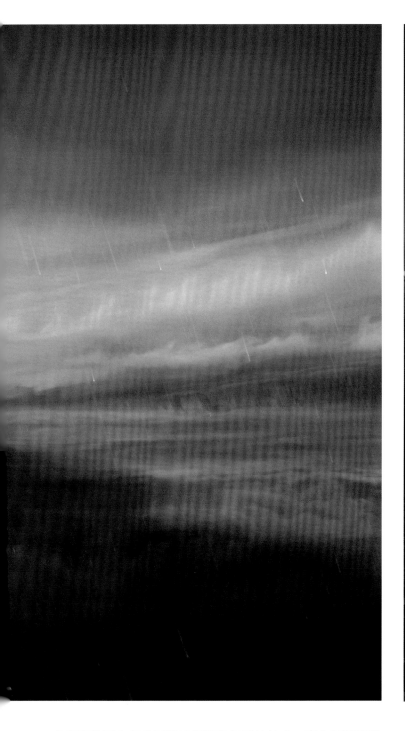

它自身的引力就会压缩这颗系外行星的核心，产生足够高的温度来触发利用氘的热核聚变。结果产生的不是一颗系外行星，而是一颗棕矮星。成熟的恒星将氢燃烧成氦，其临界质量大约是被称为红矮星的木星的 75 倍。系外行星的特性还取决于其恒星的类型及行星与其恒星的距离。

上左图 距离地球 640 光年的系外行星黄蜂 76b 的表面温度高于 2000 摄氏度，它的上空布满了铁蒸气云，这些云在风速超过 5000 千米 / 时的大风天会凝结成液态铁雨。

上右图 这幅艺术家绘制的插图让我们可以想象站在系外行星 TRAPPIST-1f 的表面看到的会是什么景色，它位于距离地球约 40 光年的宝瓶座 TRAPPIST-1 行星系统中。

行星的内部结构

行星内部结构的一个粗略指标就是它的密度。富含铁和镍的行星的密度超过 5 克 / 厘米^3，例如水星（5.4 克 / 厘米^3）。富含硅酸盐化合物的行星，如地球（地壳密度接近 3 克 / 厘米^3）。如果行星包含大量冰和水，它的密度将接近 2 克 / 厘米^3，例如海王星（1.7 克 / 厘米^3）。最后，如果行星是一颗气态巨行星，它的密度可以低至 1 克 / 厘米^3，例如木星（1.33 克 / 厘米^3）和土星（0.7 克 / 厘米^3）。只需知道行星的质量和直径，就可以对其结构进行估测。但是，天文学家对于物质如何积聚成球体，以及其内部分层将如何根据其内部温度、压力和成分而发生变化，都有着详细的物理理论进行描述。如果知道这颗行星离恒星有多远，就可以猜测出它的内部结构。这一距离也决定了它的大气层和表面在吸收恒星的光后会有多热。例如，靠近其恒星的非常小的行星不会

下图 在直径和质量上与地球相当的系外行星很可能具有相似的内部结构，尽管各分层的比例会有所不同。质量超过地球 5 倍的超级类地行星表面可能被深海覆盖，而更大的系外行星的引力场将像木星和土星那样吸引密集的大气层。

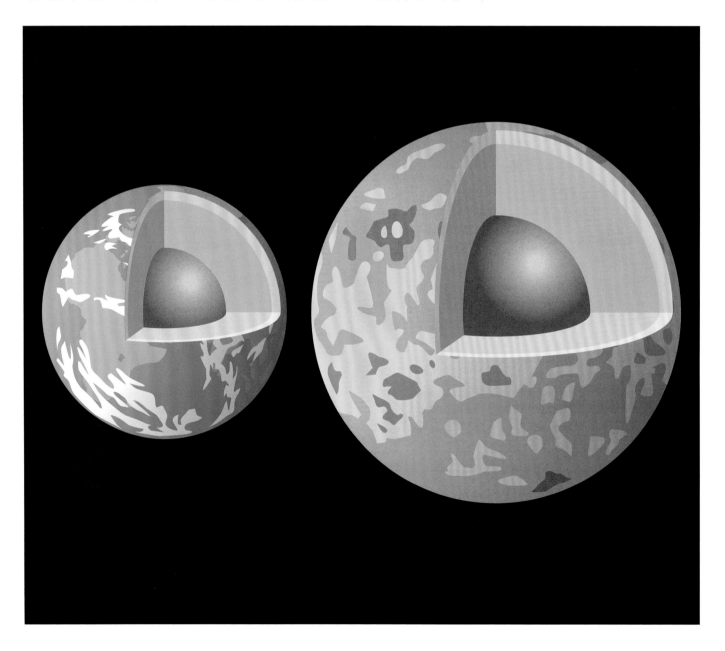

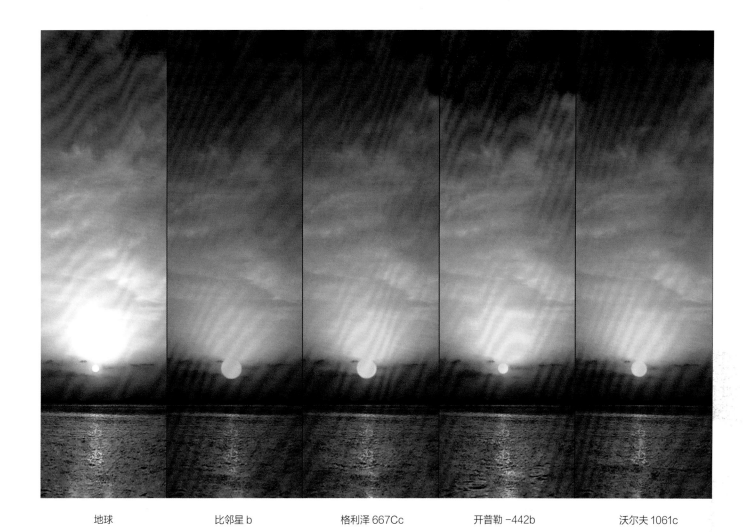

| 地球 | 比邻星 b | 格利泽 667Cc | 开普勒 –442b | 沃尔夫 1061c |

有厚厚的大气层，因为它们的引力不足以阻止它们的大气层蒸发到太空中，我们太阳系的水星就是这种情况。然而，像木星这样质量非常大的行星可以非常接近它们的恒星，以致它们的表面温度超过 1300 摄氏度却没有明显的大气损失。这些行星被称为热木星，已知有超过 300 颗这样的奇异系外行星。一个例子是飞马座 51b，绰号为 Bellerophon（伯洛尔芬，希腊神话中天马弩手的象征），实际上它正在蒸发，每 4 天绕其恒星运行一周，展示出一条彗星状的尾巴。

　　与地球大小相似的天体可能具有复杂的内部结构。如果它们在距离其恒星足够远的轨道上运行，表面就不会太热，那么质量更大的"超级类地行星"型系外行星的表面可能覆盖着厚厚的海洋和一层稠密大气。它们可能有厚厚的壳层以防止大陆漂移并减少火山活动。处于地球质量和直径范围内的系外行星可能具有有限的行星海洋和一些大陆板块构造。对于比地球小得多的系外行星，例如类似火星的行星（直径

上图 地球和各种系外行星上日落的模拟比较。

约为地球直径的 10%），因为它们的内部冷却得太快，所以它们通常仅有有限的或完全没有板块构造。这也可能意味着这些系外行星无法维持强大的行星磁场，以通过与其恒星风的相互作用来保护行星自身的大气免于蒸发。

　　当在远离恒星、温度不允许液态水存在的地方发现地球大小或更大的系外行星时，这些行星会形成各种非常厚的冰幔，其内部特性各不相同。它们可能有厚厚的固体冰壳层，这些壳层漂浮在很深的行星海洋上，而海洋又位于富含硅酸盐的类地岩质核心之上。因此，天文学家可以根据系外行星的直径、密度、与其恒星的距离对它们的外观进行估计。将这些估计结果与一些技术性的艺术技巧相结合后，人们甚至可以想象当自己站在或漂浮在系外行星的表面时会看到什么景象。

// 宜居带

靠近其恒星运行的系外行星的表面温度可以达 1000 摄氏度以上。对于某些系外行星，例如巨蟹座 55e，也称为地狱行星，其"海洋"由熔融岩浆组成，而它的"雨"则是熔岩雨。另一颗行星 HD 209458b 离它的恒星实在太近了，以致它实际上像彗星一样有一条巨大的尾巴。

这些系外行星都不是我们感兴趣的行星，因为它们的表面都不能存在生命的基本要素——液态水。通过了解恒星的类型和系外行星的轨道半径，可以通过数学方法计算出一颗行星需要位于什么位置，才能使液态水可以存在于其裸露的表面，而且前提是它有一个大气层可以防止水通过蒸发逸散到太空。每颗恒星的这一轨道范围都可以计算出

来，该范围内的区域称为宜居带。对于我们的太阳系，它大约从金星轨道延伸至火星轨道。在该区域内，行星的表面温度有利于水蒸发。在该范围之外，则适合水以冰的形式存在。

另一个重要因素是系外行星大气层的组成。如果它的大气层含有超过 1% 的二氧化碳，温室效应会导致表面温度迅速上升，向大气中释放更多的温室气体，如二氧化碳和水蒸

下图 该图显示了开普勒发现的数十颗系外行星，它们的直径不到地球的 2 倍，并且在其恒星的宜居带内或附近运行。这些行星很可能是岩质行星或海洋行星，最有可能支持生命的存在。

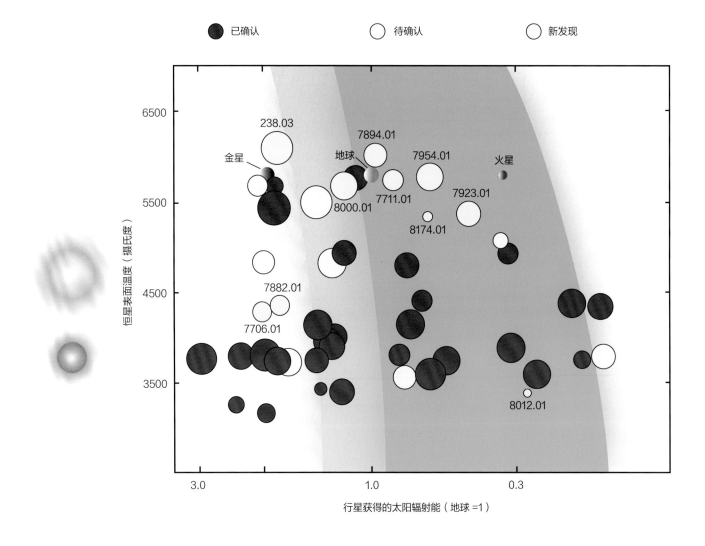

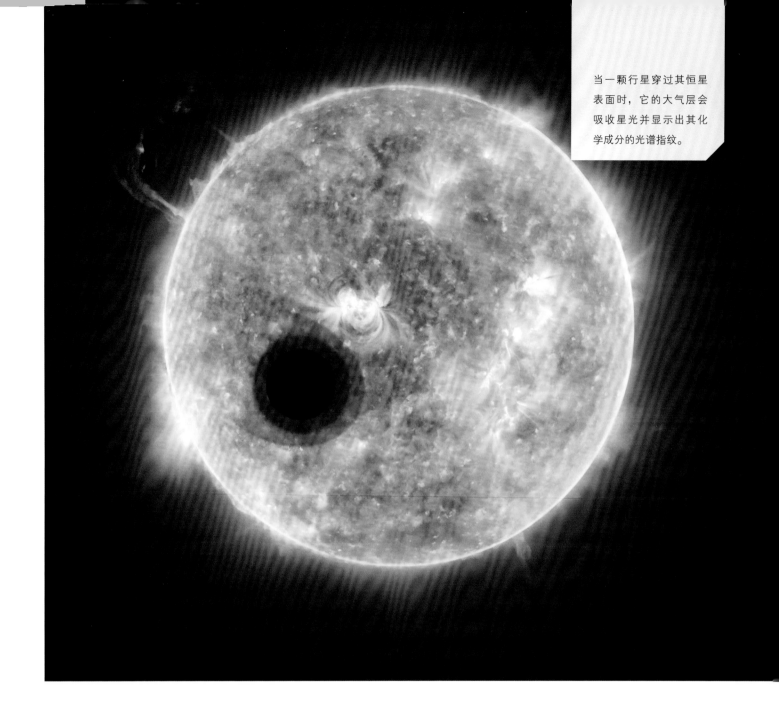

当一颗行星穿过其恒星表面时，它的大气层会吸收星光并显示出其化学成分的光谱指纹。

气。如果行星表面没有海洋和大陆板块构造，二氧化碳浓度将随着时间的推移继续增加，并产生失控的温室效应，就像我们太阳系中的金星一样。天文学家可以判断一颗行星是否在其恒星的宜居带内，但还无法测量其大气层，以了解过多的温室气体是否使系外行星即使在宜居带内也会成为类似金星的行星。

宜居带的另一个特点是它们在空间和时间上并不固定。恒星随着自身的演化变得更加明亮，因此它的宜居带会进一步远离恒星。这会产生令人不安的后果，即一颗系外行星起初可能在生命开始出现时位于其恒星的宜居带内，但随着其

恒星的演化经过了数十亿年之后，这一系外行星可能处于其恒星当前的宜居带之外了，这可能导致该行星上的生命灭绝。例如，地球靠近太阳当前宜居带的内边缘，但在仅仅 10 亿年后，地球就会位于宜居带之外，因此地球上的生命将灭绝。一想到在过去的几十亿年里，银河系中有多少行星由于其恒星的宜居带的无情迁移而失去了它们的整个生物圈，我们就会感到震惊。

// 类地行星

自20世纪90年代首次探测到系外行星以来，天文学家和公众一直期待找到类地行星：直径和质量与地球几乎相同的系外行星，在其恒星的宜居带内运行。迄今为止，我们仍然无法测量那些系外行星的大气层，以确定它们是温

上图 [半人马]比邻星是一颗经常出现耀斑的红矮星。如果它的轨道行星有大气层和磁场，我们很可能会看到壮观的极光，极光的颜色将取决于大气层中是否存在氧、氢或氮。

室地狱还是像地球一样具有富含氮的化学物质，但这些系外行星已经组成了一个还在不断扩充的系外行星名单，值得我们在未来仔细研究。在整个银河系中，估计可能有多达400

地球附近在各自宜居带中的类地行星

名称	距地距离（光年）	恒星类型	轨道半径（$\times 10^6$千米）	轨道周期（天）	质量（地球=1）	表面温度（开）[*]
[半人马]比邻星b	4.2	M型红矮星	7.5	11.1	>1.3	234
鲁坦星b	12.4	M型红矮星	13.5	18.7	2.6～3.2	206～293
鲸鱼座 τ 星e	12	G型星	82.5	163	>3.9	285
卡普坦星b	13	M型红矮星	25.2	48.6	>4.8	205
沃尔夫1061c	13.8	M型红矮星	5.7	17.9	>4.34	275
格利泽667Cc	23.6	M型红矮星	18.8	28.1	>3.8	277
TRAPPIST-1d	39	M型红矮星	3.3	4	0.30	258
TRAPPIST-1e	39	M型红矮星	4.4	6	0.77	230
TRAPPIST-1f	39	M型红矮星	5.6	9	0.93	200
TRAPPIST-1g	39	M型红矮星	6.9	12	1.15	182

[*] 地球=255开。

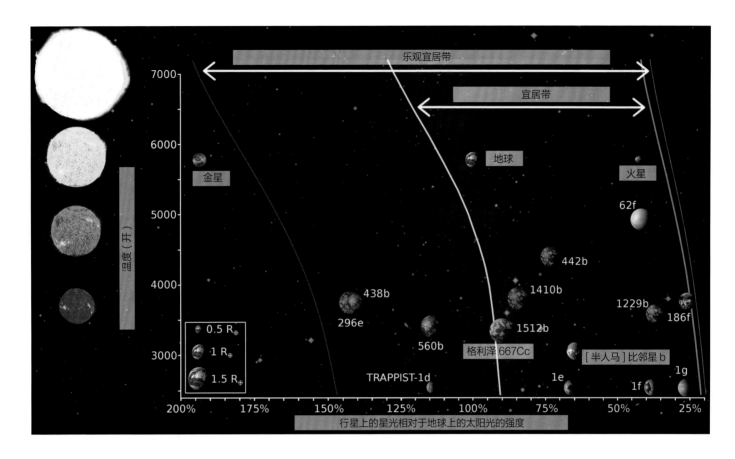

图中标签（从图内识别）：

乐观宜居带

宜居带

温度（开）

7000

6000 金星 地球 火星

5000 62f

442b

4000 438b 1410b 1229b

296e 186f

3000 560b 1512b

0.5 R⊕ 格利泽 667Cc [半人马]比邻星 b

1 R⊕ TRAPPIST-1d 1e 1g

1.5 R⊕ 1f

200% 175% 150% 125% 100% 75% 50% 25%

行星上的星光相对于地球上的太阳光的强度

亿个类地行星，我们会发现其中许多行星像我们自己的地球一样围绕一颗可爱的黄色恒星运行。迄今为止，开普勒空间望远镜和其他地面观测设备已经探测到了几十颗这样的类地行星。

这些行星中最有趣的是 [半人马] 比邻星 b，距离地球 4.2 光年；开普勒 –1649c，距离地球 302 光年；开普勒 –186f，距离地球 560 光年；开普勒 –452b，距离地球 1400 光年。附近的其他恒星也有可探测到的系外行星，但它们要么太大，要么不在恒星的宜居带内运行。

长期以来，科幻作家一直对离我们最近的恒星半人马 α 星及其伴星红矮星比邻星很感兴趣。在很多关于勇敢无畏的探险家的故事中，探险家每次乘坐太空飞船航行数年，去探索远方是否存在行星，并寄希望于能够移民这些行星。如今，我们可以早在任何宇航员必须进行长达一个世纪的太空之旅前，先通过实际探测这些行星并加以研究来确定宜居行星的存在是否属实。天文学家仍在寻找实际上有行星围绕着半人马 α 星 A 和半人马 α 星 B 运行的线索，而且已经在 [半人马] 比邻星周围发现了行星。

上图 该图显示了不同温度恒星的宜居带，以及新研究中描述的地球大小的候选行星和已确认的开普勒行星的位置。图中还列出了一些太阳系类地行星以供比较。

比邻星是一颗红矮星，其光度约为太阳的五分之一。它暗淡的红光会使暴露的行星表面沐浴在有些诡异的深红色光晕中。比邻星也以每隔几年一次的粒子和辐射暴发而闻名，这使得任何靠近比邻星的行星都面临辐射的危害。比邻星有两颗已知的系外行星：比邻星 b 的直径约为地球的 1.2 倍，每 11.1 天绕恒星公转一周，轨道半径为 7.5×10^6 千米，比水星轨道半径要小得多；比邻星 c 是一颗超级类地系外行星，质量是地球的 7 倍，每 5 年绕恒星公转一周，轨道半径为 2.2×10^8 千米，与火星轨道半径相似。由于比邻星的昏暗，它的宜居带被拉近恒星，因此类地比邻星 b 实际上是在宜居带内的。然而，考虑到其恒星的耀发活动，它不太可能适合生命生存，除非在它的地壳下已经进化出生命，或者地表生命是夜行生物或是已经喜爱上了铅涂层和盔甲。更糟糕的是，来自比邻星这颗活跃红矮星的强风也可能已经完全剥除了比邻星 b 的大气层。

// 晚期重轰击时代

对开普勒系外行星的深入研究还揭示了许多关于我们太阳系形成和演化的重要发现。迄今为止，我们已经发现了几十个系外行星系统，但它们都不像我们的太阳系。在某些系外行星系统中，例如 GJ 876 或仙女座 μ 星行星系统中，巨行星在半径比水星公转轨道半径更小的轨道上挤在一起。而在其他系外行星系统中，例如 TRAPPIST-1 行星系统中，根本没有巨行星，但小型岩质行星的轨道半径比水星的更小。系外行星的位置和大小似乎没有任何逻辑性，不像在我们的太阳系，巨行星离太阳更远，而岩质行星离太阳更近。天文学家已经开始明白为什么会是这样了。

行星形成于富含气体、尘埃、小行星和其他物质的原行星盘内。虽然正在形成的行星对周围的盘物质有引力影响，但盘物质也同样影响正在形成的系外行星。这种相互影响会产生一种类似摩擦力的力，迫使正在形成的行星的轨道向靠近中央恒星的方向滑动。该过程在盘物质消散后才停止。结

下图 每两天绕恒星 HD 189733 公转一周的系外行星只是在远离其恒星的地方形成并向内迁移的许多"热木星"中的一颗。

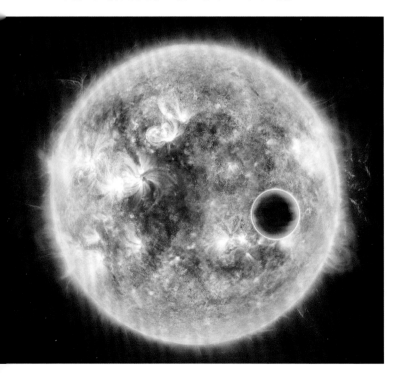

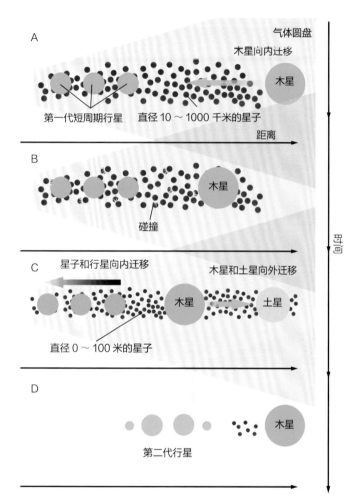

上图 该图显示了早期太阳系演化中大质量巨行星的迁移。小行星和彗星轨道的破坏导致了我们太阳系早期历史上的晚期重轰击时代。

果是，一颗巨行星可能在远离它的恒星的地方形成，但在数百万年的时间里，它会越来越靠近它的恒星。已发现的热木星距离其恒星只有几百万千米，这表明行星与盘物质之间的摩擦可能非常剧烈，在某些情况下，随着时间的推移，恒星实际上会吞噬一些自己的行星。天文学家怀疑这个过程曾发生在我们的太阳系中，因为相比当前的位置，天王星和海王星的元素丰度似乎更适合距离太阳更远的行星。这一过程也可能曾发生在木星身上，但它向太阳靠近的过程在它侵入内太阳系并驱逐内行星（包括正在形成的地球）之前就停止了。

大质量行星的向内迁移导致在巨行星到达最终轨道数百万年后，任何较小的行星都会被驱逐出行星系统。此后，较小的行星有可能从散落的盘物质中重新形成。这导致了许多不平衡的行星系统，其中巨行星靠近它们的恒星，而较小的行星离得更远。由于迁移的巨行星太多，在原行星盘完全消散之前，较小的行星可能根本就没有机会形成。

下图 艺术家描绘的 40 多亿年前在地球表面看到的晚期重轰击时代的景象。牵涉木星和土星的行星迁移事件可能是该时代的诱因。

太阳系

　　现代天文学家从行星探索的黄金时代中受益匪浅。各种航天器提供了行星表面环境的特写视图，我们也探测了太阳系中几乎所有的主要天体，为了寻找生命而挖掘火星的土壤，甚至绘制了遥远的矮行星——冥王星的表面图像。人类已经踏上月球，同时也制订了移民火星的计划。太阳系令人眼花缭乱的景观揭示了一个复杂和剧烈变化的过去，也包括一些可能潜藏着生命的小飞地，例如木卫二的地下海洋和火星的永久冻土。

虽然这幅艺术作品不是按比例绘制的，但它让我们直观感受到塑造了太阳系的多种要素，包括太阳表面、最遥远的小行星和行星际气体云等。

// 我们的家园：太阳系

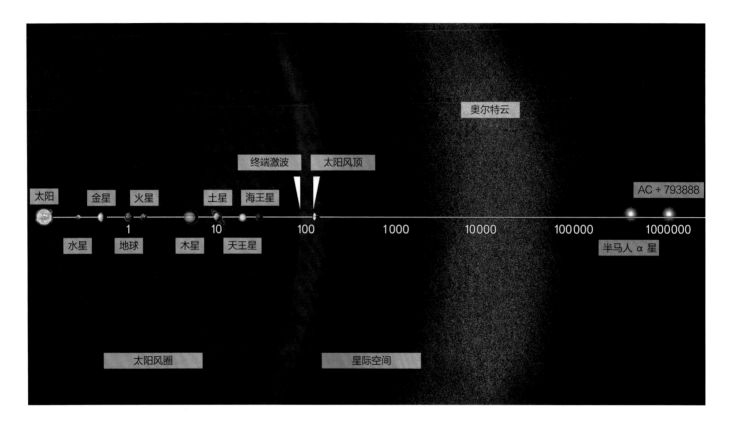

上图 图中很好地表现了太阳系中各行星的距日距离。比例尺以天文单位表示，超过 1 天文单位的每个距离间隔表示前一距离的 10 倍。太阳到地球的平均距离为 1 天文单位，约为 1.5×10^8 千米。太阳和行星的大小不是按比例绘制的。

我们的太阳系之大，是几乎不可能用任何人类能够理解的概念来描述的。我们只能通过使用各种类似物来了解它的规模。例如，我们的月球距离地球大约 384000 千米，这段距离光以 3×10^8 米 / 秒的速度传播大约用时 1.28 秒。但是以光速从太阳开始穿过太阳系到达海王星的轨道需要 4 小时多一点。2006 年发射的新视野号探测器速度是 59000 千米 / 时，它从地球飞到月球仅用了不到 7 小时，但花了 9 年时间才到达冥王星。与此同时，来自它的无线电信号花了 4.5 小时才到达地球。规模如此巨大的浩瀚行星际空间为我们提供了一种保障，使我们不会经常被可能终结地球上生命的彗星和小行星撞击。它还保护我们免受木星引力的影响，而木星的引力很容易改变地球的轨道，并造成对我们所知的生命不利的巨大气候变化。但这种巨大规模也确实使人类的太空旅行变得困难无比。

我们的太阳系由 8 颗主要的行星组成：水星、金星、地球、火星、木星、土星、天王星和海王星。此外还有 5 颗矮行星：冥王星、谷神星、阋神星、鸟神星和妊神星。在这些天体中许多也有围绕它们运行的卫星，这些卫星有的自身就

和行星一样大。虽然水星和金星没有卫星，但地球有月亮，火星有火卫二和火卫一，木星有 79 颗卫星，土星有 82 颗卫星，天王星有 27 颗，海王星有 14 颗。即使是矮行星也有自己的卫星，如冥王星有 5 颗，妊神星有 2 颗，阋神星和鸟神星各有 1 颗。

除了主要的行星和矮行星外，还有数以百万计的小行星和彗星在经常相交的轨道上围绕太阳运行。有两条主要的天体带，一条存在于火星轨道和木星轨道之间，称为小行星带；另一条在海王星轨道和冥王星轨道之间，称为柯伊伯带。小行星带包含 10 万多个已知天体，直径在几米到 100 多千米之间，通常由岩石构成。较远的柯伊伯带大概包含 10 万多个直径大于 100 千米的已知天体，它们主要由冰构成。这些天体保持在以太阳为中心的相对稳定的轨道上，但可能受

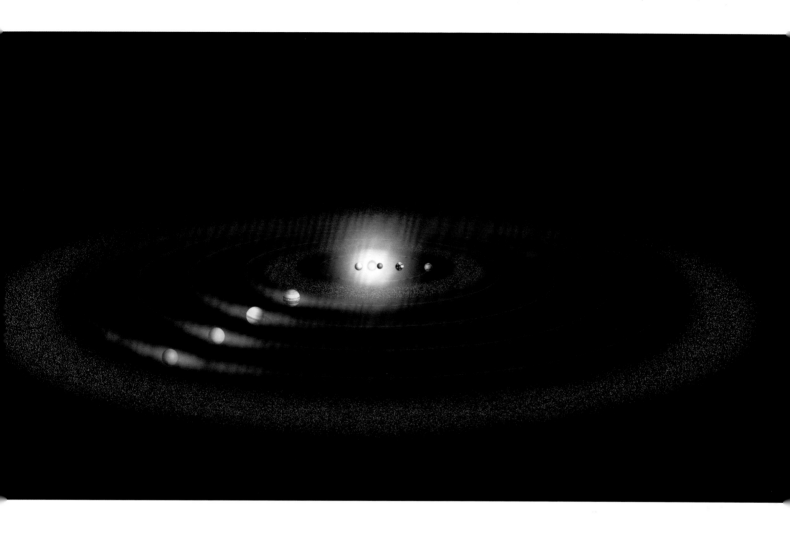

到木星和遥远的海王星的干扰。小行星带天体可以被转移到穿过内太阳系的轨道上，产生潜在的撞击危险。同时，柯伊伯带天体可能会受到扰动，进入穿越内太阳系的轨道上，产生我们所观察到的周期性彗星。当太阳系还年轻的时候，这些穿越轨道的小行星数量比现在要多得多。它们中的许多撞击了内行星以及它们的卫星的表面，留下了一连串大小不一

上图 外太阳系的规模与类地行星环绕的拥挤的内太阳系有很大不同。在海王星轨道之外的太阳系边缘处，我们遇到了第二个"小行星带"，称为柯伊伯带，由大约 10 万个直径 100 千米以上的冰冻天体组成。

的陨击坑。其他许多小行星被木星和外行星弹射到奥尔特云中的更远的轨道上。从某种意义上说，行星的形成过程仍在进行，地球的质量仍在以每年约 56000 吨的速度增加。

名称	距日距离（天文单位）	轨道周期	自转周期	相对直径（地球=1）	卫星数量（颗）	成分		大气层（主要成分）
						核心	幔层	
水星	0.38	87.9 天	58.6 天	0.38	0	铁	硅酸盐	钠
金星	0.72	224.7 天	243.0 天	0.95	0	铁/镍	硅酸盐	二氧化碳
地球	1	365.3 天	23.9 小时	1.00	1	铁/镍	硅酸盐	氮、氧
火星	1.52	686.9 天	24.6 小时	0.53	2	铁/镍	硅酸盐	二氧化碳
木星	5.20	11.8 年	9.6 小时	11.21	79	硅酸盐	氢	氢
土星	9.54	29.5 年	10.5 小时	9.45	82	硅酸盐	氢	氢
天王星	19.19	84.1 年	17.2 小时	4.00	27	硅酸盐	冰	氢
海王星	30.07	164.8 年	16.1 小时	3.88	14	硅酸盐	冰	氢

// 水星

这颗太阳系最内侧的行星以大约 5700 万千米的平均距离绕太阳公转，并在 88 天内公转一周。从水星位置看，太阳的圆盘将比我们从地球上看到的大 3 倍。人们曾多次在水星轨道以内的地带寻找其他行星，以及水星的卫星，但从未发现过任何行星或卫星。因为水星轨道是椭圆形的，而且它会受到其他行星，特别是木星的引力影响，所以在未

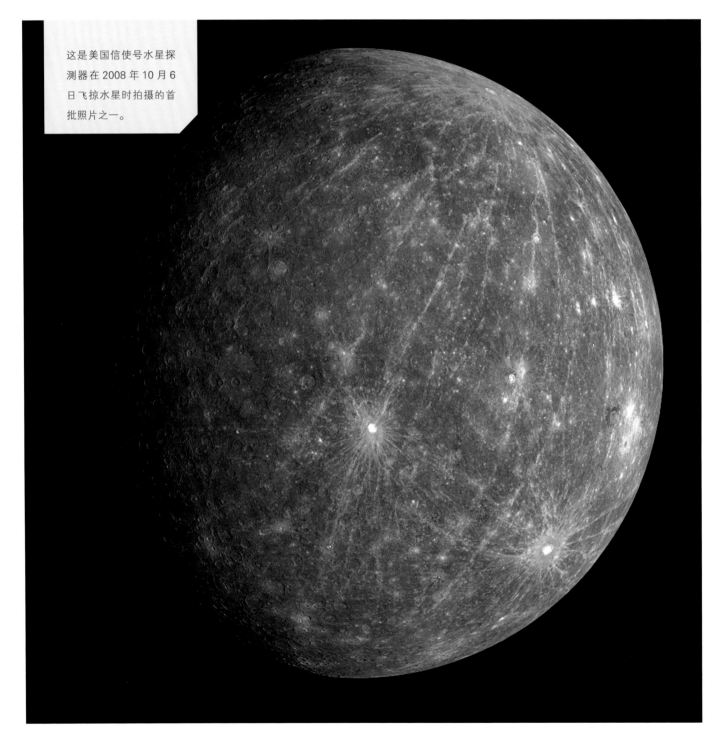

这是美国信使号水星探测器在 2008 年 10 月 6 日飞掠水星时拍摄的首批照片之一。

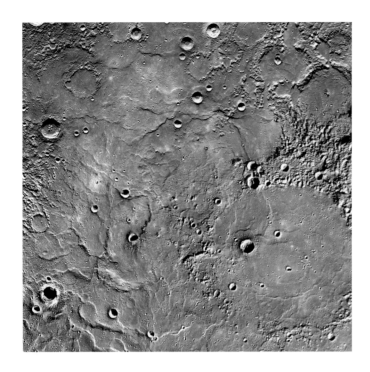

上图 这张水星北部火山平原的照片以增强的颜色显示，以突出显示水星表面不同类型的岩石。在图像的右下方，直径 291 千米的门德尔松（Mendelssohn）撞击盆地似曾充满了熔岩。

来的 50 亿年里，它有可能与金星相撞。水星因为离太阳太近，太阳的引力场实际上扭曲了水星行进空间的几何形状，这导致了一种称为近日点进动的可测量效应。1916 年，爱因斯坦的广义相对论首次解释了这一效应，并且该效应被认为是广义相对论最重要的已被验证的预测之一。

水星有一个铁核，几乎占据了这颗月球大小行星内部体积的一半。如果不是因为它的 58.6 天的缓慢自转周期，它外核心区的液态铁流将产生内太阳系行星中最强的磁场。由于没有活跃的电流，它的磁场强度仅为地球的千分之一，致使其无法有效地转移强烈的太阳风。数十亿年来，由于没有这个磁场屏障，水星上任何由火山喷发而形成的大气层都被太阳风剥离，留下了航天器拍到的破碎、坑洞遍布的星球。铁核的持续冷却也导致了整个水星的收缩。在水星壳层厚度减小 5 ~ 10 千米后，表面留下的龟裂的壳层随处可见，而且这一过程今天似乎仍在继续。

与地球有 26.5° 地轴倾角不同，水星的自转轴倾角小于1°。在水星的两极，太阳离地平线的高度永远不会超过 0.5°，所以水星的两极几乎永远处于黑暗之中。由于水星的自转角速度与它离太阳最近时的轨道角速度相近，这导致了在 8 天的周期内出现双重日出和日落的有趣现象。观测者可以看到太阳从地平线上升到三分之二多一点的地方，然后逆向退回并落下，再重新升起。

水星的整个表面遍布陨击坑，与内太阳系的其他固体天体类似。大多数撞击发生在地质学家称为晚期重轰击时代的时期，该时代结束于 38 亿年前。就像地球被一颗很大的小行星撞击产生了月球一样，水星也遭受了一次重大的撞击，形成了直径 1500 千米的卡路里盆地。一个直径 200 千米的撞击物撞击水星产生的冲击波穿过水星内部，引起了水星混沌地形的暴发。

水星的表面温度在当地中午的 430 摄氏度到当地午夜的零下 180 摄氏度之间波动，但即便如此，它也不是太阳系中最热的行星。要探访太阳系最热的一颗行星，我们就必须去金星。神奇的是，尽管水星表面温度很高，但在它的北极地区仍有一些陨击坑处于永久阴影中，并且其中检测到了水冰。这些水冰的体积虽然与地球上巨大的冰盖无法相比，但总体积可能达到 10 立方千米。

下图 一个直径约 160 千米的区域，靠近水星赤道。

// 金星

几个世纪以来，人们对这颗行星知之甚少。它每 225 天围绕太阳公转一周，轨道半径为 1.08 亿千米。尽管它距地球的最小距离约为 4000 万千米，但即使通过功能最强大的望远镜观测，它看起来也是一个完全空白、毫无特征的圆盘。然而，这个圆盘会经历从满月到新月的不同光照阶段，因为它总是位于地球的轨道内部。它的大气层中偶尔可见的云使天文学家能够粗略计算出它的自转周期为 224.7 天，但它自转的方向与其他行星相反。金星在其演化历史中以某种方式颠倒了过来，因此从其表面看，太阳从西边升起，从东边落下。

金星的直径和质量几乎与地球相同，它甚至有一个浓密的大气层，这很可能与数十亿年前的地球非常相似。金星上也可能曾有与地球的海洋没什么不同的浩瀚行星海洋，但它位于太阳宜居带的内边缘，加上活跃的火山活动向大气中释放了过多的二氧化碳，其失控的温室效应最终导致海洋蒸发，留下一个被加热到 460 摄氏度的岩石表面。20 世纪 50 年代的科幻小说家还预言金星是一个适合人类移民的多沼泽、炎热和潮湿的星球。1956 年，天文学家使用射电望远镜首次测量了金星的表面温度，发现它热得令人难以置信，表面温度超过了 300 摄氏度。1962 年，水手 2 号探测器证实了这一温度，这几乎意味着整个科幻小说流派的终结。只有疯

子或科学家才敢造访这个星球的表面，实际上将它称之为地狱才更合适。

金星大气中含有 96% 的二氧化碳和 3% 的氮。火山活动释放的硫与大气中的水蒸气结合，形成富含硫酸的浓密云层。这些云层中的雨水不断从低层大气中落下，对任何试图到达金星表面的航天器来说，都是一种强腐蚀剂。在气压超

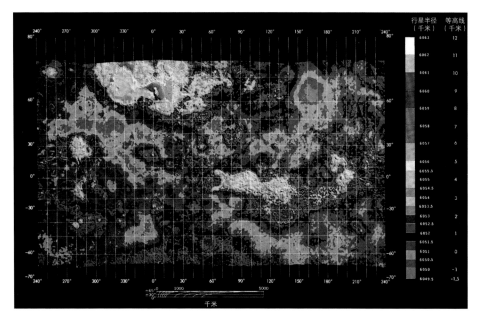

上图 美国国家航空航天局的水手 10 号探测器捕捉到了这颗地球大小的行星看似平静的景观：它包裹在一层浓密的、覆盖整个星球的、致命的云层中。

左图 金星地形图。基于美国国家航空航天局的先锋号金星探测器获得的数据绘制。

右图 这张图片是根据美国国家航空航天局的麦哲伦号金星探测器和先锋号金星探测器的雷达数据合成的。

下图 苏联的金星 13 号探测器于 1982 年 3 月 1 日拍摄的金星表面彩色照片。

过地球 90 倍的情况下，如果航天器到达金星表面时没有被腐蚀或烧毁，也肯定会被大气本身的重量压碎。

在 1970 年至 1983 年期间，苏联的金星探测器系列多次在金星表面着陆，并传回了在其表面拍摄的近景，处处可见暗黑、板岩状的岩石，看上去已风化并且表面很光滑。由于极端高温和传统技术的限制，这些探测器的探头即使使用主动制冷系统，也只维持了不到几个小时就出现了故障。这就像把你的智能手机放在厨房的烤箱里，并指望它持续工作几个星期一样。未来着陆器的现代设计将使用基于碳化硅而非纯硅的电子电路，使着陆器能够承受高达 500 摄氏度的高温。

// 地球

我们的图书馆中充斥着各种各样的描述这颗在整个太阳系中独一无二的蓝色星球的书籍。地球的温度、磁场和水这种"恰到好处"的组合触发了生命的出现,生命在此后进化出了能够写出这本书的生物。许多因素必须结合起来才能使有知觉思维的人类出现,包括 6500 万年前的一颗起决定性作用的小行星,它消灭了我们的竞争对手恐龙。

地球的赤道半径为 6378 千米,内部结构几乎与金星相同,但它有着 24 小时的较短的自转周期,其强劲的核心电流产生了太阳系所有岩质行星中最强大的磁场。这个磁场改变了太阳风和快速移动的太阳等离子体云的方向,使它们不会直接与我们的大气层碰撞。这个磁屏障保护了我们的大气层不被侵蚀,也不会让我们的星球变成另一个水星。地球的薄而富含硅酸盐的壳层分裂成大陆板块,在幔层中对流的作用下移动、碰撞和重组。如果地球有更厚的壳层并且没有起润滑作用的海水,那么俯冲板块产生的大陆漂移和火山活动就很少或者没有。在过去的 30 亿年里,地球上有几个超大陆形成和分裂。最近的一个是泛大陆,它在 2.5 亿年前分裂,形成了现在的大陆结构。

地球稳居于太阳系的宜居带,它的演化与命运多舛的金星不同,因为火山活动没有那么频繁,液态水每年成功地吸收数十亿吨二氧化碳,防止了温室灾难。地球与其邻近行星之间的最大区别是它有一个富含氮和氧的大气层。这实际上是地球的第三个大气层。由甲烷、氨气和二氧化碳组成的原始大气被火山喷发释放的气体改变为富含甲烷和二氧化碳的大气,一直保持到大约 20 亿年前,当时海洋生物开始呼吸氧气,地球的氧气供应稳步增加到 21%。这为复杂的嗜氧生物的出现奠定了基础。

由于大陆漂移、地球轨道的变化以及火山释放气体产生的大气"温室"成分,地球经历了许多个冰期。大约 6.5 亿年前,地球几乎完全被冰川覆盖,这个时期被称为

"雪球地球"时代。取而代之的是持续 1 亿年的冰期,当时地球上的极盖在扩张或后退。这些冰期中还包括持续数十万年的小冰期。最后一个冰期称为第四纪冰期。约 1.5 万年前,伊缅间冰期开始,当时较为温和的气候为人类人口和技术创造力的巨大增长创造了条件。

右图 这幅壮观的"蓝色大理石"图像是基于迄今为止最详细的整个地球的真彩色图像集。利用一系列卫星观测结果,科学家和可视化技术人员将对陆地、海洋、海冰和云层的持续数月的观测结果拼接成一幅无缝的真彩色马赛克图,覆盖了地球上每一寸土地。

下图 地球与我们太阳系中其他行星大小的比较。

// 火星

几千年来，这颗暗红色的星球一直是神话的素材，通常引人产生关于愤怒和战争的联想，甚至在 20 世纪也不例外，那时有许多关于与人类敌对的火星人入侵地球的故事。意大利天文学家乔瓦尼·斯基亚帕雷利（Giovanni Schiaparelli）对火星的观测较早但不准确，他认为火星上有充满水的运河，而现代科幻小说家受此启发，设想了古老而智慧的火星文明，或人类移民火星的情节。最近的故事转向了 21 世纪的人类前往火星并建立第一批雏形科学前哨的尝试。我们现在对火星探险将对人类及其生理机能产生的影响有足够的了解，因而知道火星探险者死亡和移居地崩溃的风险并不小。

对于火星来说，可悲的是它徘徊在宜居带的外围，它的大小扼制了它的命运。由于引力太弱，它无法保住大气层来抵御太阳的加热，而且火星的内部电流太弱，无法维持一个强大的磁场，它的大气在数十亿年前就泄漏了。火星上留下的是曾经存在的河流和海洋的地质化石，但它们的盆地现在已被吹来的灰尘和陨击坑占据。作为离地球最近的而且人类可以着陆和生存的行星，数十艘航天器已经前往火星，其中许多已经着陆，传回的照片显示出一个贫瘠但与地球表面惊人地类似的诱人景象。富含水冰的地下永冻层正在召唤未来的探索者（包括人类和机器人）去寻找微生物化石，乃至现今存在的生命的踪迹。

火星每 686.9 天绕太阳公转一周，平均轨道半径为 2.28 亿千米，其自转周期接近地球，为 24.6 小时。它的表面重力加速度约为地球的三分之一，所以登陆火星的人行走时会弹跳。在火星上空约 45 千米的地方，大气非常稀薄，宇航员需要一套完整的宇航服保护，而不是许多古老的科幻小说中提到的只穿戴着简单的面罩和保暖的衣服。火星离地球最近时距离约为 3500 万千米，这个距离每隔 780 天会出现一次。这些火星近地的相对窗口期是无人和载人火星考察的目标日期。自 20 世纪 60 年代初以来，探测器一直在临近这些窗口期时被送往火星。化学火箭的运载时间有限，这对载人航天来说是一个严峻的挑战。

自 20 世纪 60 年代到 2020 年，总共有 62 次探测任务已经或试图将探测器发射到火星。其中，14 个探测器进入轨道，10 个已成功着陆，如机遇号、勇气号、

下图 美国国家航空航天局维京号计划的航天器从轨道上拍到的火星。

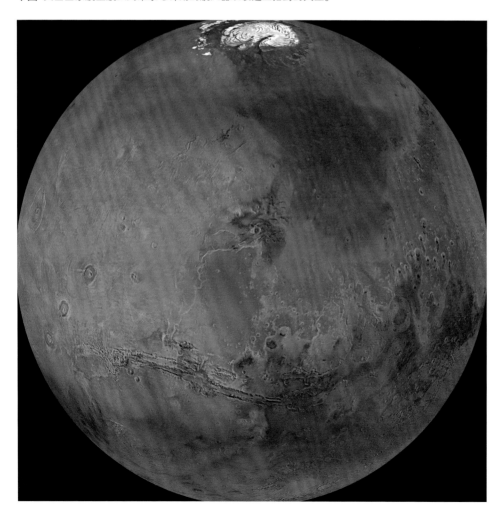

旅居者号，以及拥有实验室的探测器，如维京号和洞察号，它们返回了火星表面的视图或其他科学数据。这些探测器中考察覆盖面最广的是美国国家航空航天局的好奇号探测器，它于 2012 年抵达火星，目前已经在盖尔陨击坑附近穿越了近 27 千米。好奇号探测器和其他类似的探测器已经证实了许多关于火星表面演化的科学猜想，特别是火星液态水的历史。2021 年 2 月 18 日，毅力号探测器及其名为独创号的直升机抵达火星表面。它将继续好奇号的研究，并有望发现有机分子，甚至化石的存在痕迹。已知 300 多种

上图 美国国家航空航天局好奇号火星探测器在夏普山附近获得的火星表面图像。

化合物是有机生命的独有特征，即使发现其中的一小部分，也将是人类历史上的一个突破性的时刻。毅力号探测器还可能发现嵌在耶泽罗陨击坑古老黏土中的微体化石。

几十年来，航天器在轨道上拍摄的图像一直显示火星上过去曾存在大量流水的地貌。从轨道上可以清楚地看到河流三角洲和一个广阔的北半球海洋盆地。探测器的发现基本上证实了水的存在，它不仅是火星表面一种古老的液体，而且以冰的形态存在于火星的地下。但很遗憾，人类错过了大约 30 亿年前绿色火星的全盛时期，那时它有流动的水和厚厚的大气层。考虑到生命在地球上最初的 10 亿年里出现的速度之快，我们有理由相信我们能够在火星上一些早已消失的河流滋养过的岩石地层中找到生物微体化石。

下图 毅力号探测器和独创号直升机是最新的火星访客之一，于 2021 年 2 月 18 日着陆。这张"自拍"图片由毅力号探测器拍摄，展示了独创号直升机和当地景观的一部分。

// 木星

木星绕太阳公转的平均轨道半径为 7.8 亿千米，需要 11.8 年才能完成一个木星"年"。它的自转周期为 9.6 小时，直径是地球的 11.21 倍，这意味着它的自转速度是太阳系行星中最快的，其赤道自转线速度为 45000 千米 / 时。太阳系中其他 7 颗行星的质量加起来，才等于木星质量的三分之一多一点。伴随着木星的是 79 颗卫星，其中 4 颗与水星一样大。它类似于某种奇怪的小型太阳系，而不像我们太阳系的成员。如果质量再大 50 倍，木星将能够在其核心聚变氘，成为一颗棕矮星。即使在今天，木星核心仍以每年 2 厘米的速度逐渐收缩，产生的热量足以使它辐射的能量比从太阳接收的能量还要多。

围绕木星的强烈辐射带是我们太阳系中除太阳本身之外最强磁场之一的标志。该磁场起源于木星内部深处的一股稠密且快速移动的氢原子流，它被压缩成金属状态，覆盖在可能是一个岩核的核心之上。这一金属氢带从核心向外延伸至木星半径的约 78% 处。在巨大的内部压力和仅约零下 240 摄氏度的温度下，另一个由液态氢组成的区域延伸到木星可见表面以下 1000 千米范围内，随后是气态氢和氦组成的"大

下图 木星像黑夜中的一颗宝石般闪耀，是巨大的色彩和力量支柱，它凌驾于太阳系中除太阳本身之外的一切事物之上。

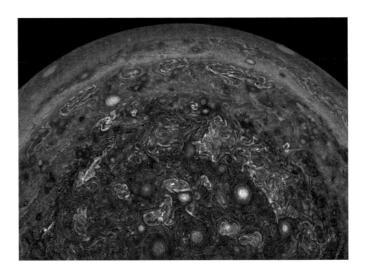

上图 美国国家航空航天局的朱诺号探测器直接高飞在木星南极上空，从云顶上方 100000 千米的高度获取了此图像。

气"。木星的大气层以超过 800 千米 / 时的速度旋转，云层伸展成无数的条带，并携带由大气对流和剪切驱动的气旋风暴。按质量计算，木星由 75% 的氢和 24% 的氦组成，几乎与太阳一样。木星的可见云和其他表面特征的鲜明颜色是磷、硫和各种统称为托林的有机共聚物造成的。木星大红斑在 1665 年左右通过望远镜首次被观察到，木星表面还有许多类似特征，均是因复杂的大气运动而产生的。大红斑是木星表面最大的气旋风暴，其长度一直在稳步缩减，从 19 世纪地球直径的 3 倍左右，到现在的长度刚刚超过地球直径的 1.3 倍。按照这个速度，它可能会在 2035 年左右完全消失。

从 1973 年的先驱者 10 号开始，人类已经进行过多次飞掠木星的任务。旅行者 1 号探测器在 1979 年首次发现了木星的行星环系统。这些行星环存在于木星内卫星木卫十五、木卫十六、木卫五和木卫十四的轨道内，距离木星中心 9 万～ 22.6 万千米，可能是由卫星本身喷射的物质形成的。这些行星环的质量在不断减小，估计在 1000 年内就会消失，因此必须不断补充物质，但关于这是如何发生的，其细节仍然未知。

1995 年抵达的伽利略号探测器和 2016 年抵达的朱诺号探测器围绕木星运行，并对其大气层、辐射带和卫星影像

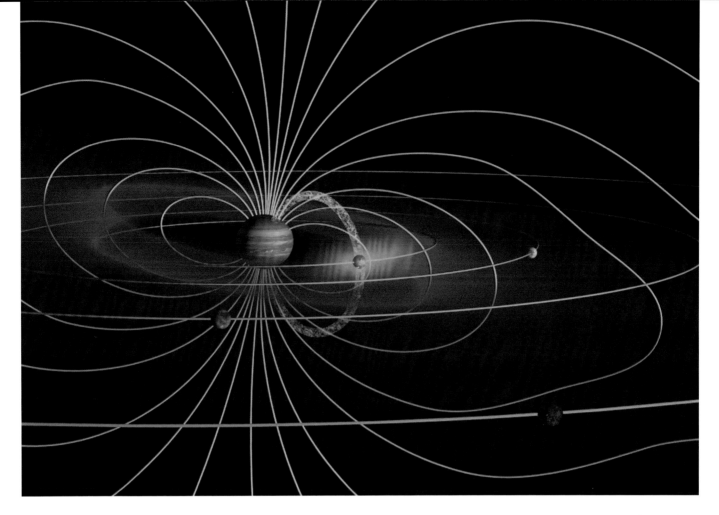

上图 包含 4 颗木星卫星的木星磁场示意图。强烈的辐射对人类和大多数没有大量屏障的航天器来说是致命的。

进行了广泛的探测。2023 年，欧洲太空总署将发射木星冰卫星探测器；2024 年，美国国家航空航天局将发射欧罗巴快船，它将详细探索木卫三、木卫二和木卫四的表面，并研究从其表面特征推断存在的地下液体海洋。在太阳系的所有天体中，除了地球，木卫二、木卫三和木卫四仍然是最有可能发现生命的地方，生命体可能深埋在这几颗卫星的地下海洋中。这些海洋上覆盖着 10 ～ 100 千米厚的坚冰，因此，到达这些海洋对未来寻求生命迹象的机器人来说是一个巨大的挑战。

下图 木星汹涌的云层景观。

// 土星

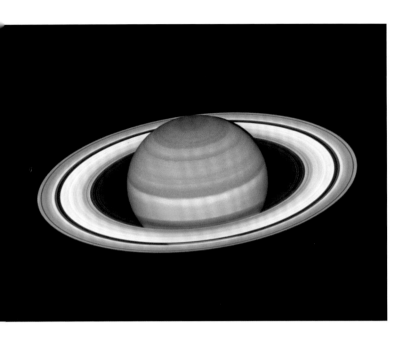

左图 美国国家航空航天局的哈勃空间望远镜于 2019 年拍摄的土星视图捕捉到了环系统的精美细节。

生的磁场的强度约为木星磁场强度的 5%。没有足够的来自太阳的紫外线到达土星的云层顶部，因而无法形成在木星上发现的丰富多彩的化合物，而正是那些化合物揭示了木星蔚为壮观的大气特征。土星的大气和云层更难探测，但在较低的对比度下仍显示出类似木星的带状结构和气旋风暴。土星比木星略小但自转速度相似，土星的大气转速为 1800 千米 / 时。

　　土星虽然比木星略小，但引人注目的土星环足以弥补这一点。土星环从土星云顶向太空延伸 7000 ～ 120000 千米。土星环是太阳系中最大、最薄的动态稳定行星环。在望远镜观测刚兴起时，人们一度认为土星环是固体的，即使像卡西尼号这样的土星探测器也无法将土星环的质地解析为单个尘埃颗粒或拳头大小的冰岩。一些卫星，如土卫十七和土卫十六，会将土星环粒子引导到受限的轨道中，以防止土星环扩散。目前还无法确定这些环是木星形成时

这是太阳系中两颗气态巨行星中的一颗，每 29.5 年绕太阳公转一周，与太阳的平均距离接近 15 亿千米。它 10.5 小时的自转周期只比木星稍长一点。它的质量是地球的 95 倍，略低于木星质量的三分之一。它的直径是地球的 9.45 倍。像木星一样，土星有一个包含金属氢的岩核，外围是液氢幔层和气态的外层大气。岩核中金属氢的电流产

下图 气态巨行星木星和土星内部的比较揭示了它们不同的组成成分。

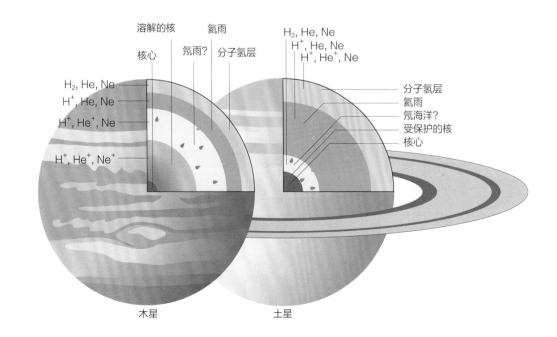

H_2= 氢
He= 氦
Ne= 氖
H^+= 氢离子
He^+= 氦离子
Ne^+= 氖离子

溶解的核　　氦雨
核心　　氖雨？　　分子氢层

H_2, He, Ne
H^+, He, Ne
H^+, He^+, Ne

H^+, He^+, Ne^+

H_2, He, Ne
H^+, He, Ne
H^+, He^+, Ne

分子氢层
氦雨
氖海洋？
受保护的核
核心

木星　　土星

留下的物质，还是来自一颗或多颗被摧毁的卫星的物质。土星被更多的微行星轰击，慢慢地变得越来越大。

1979 年至 1981 年，先驱者 11 号及旅行者 1 号和旅行者 2 号探测器飞掠土星，随后在 2004 年，卡西尼 – 惠更斯号探测器进入轨道。旅行者 1 号和 2 号探测器拍摄了第一批土星及其部分卫星的高分辨率图像，其分辨率大大超过了地面望远镜。从多个方向拍摄的高分辨率环系统图像为了解土星的组成提供了关键数据。2006 年，卡西尼号探测器在土星的卫星土卫二上发现了间歇泉，并接替旅行者 1 号和 2 号探测器对土星的许多卫星进行成像和绘图的工作。需特别提及的是，土星环的图像揭示了小卫星和环物质之间复杂的引力相互作用。

下图 哈勃空间望远镜拍摄的土星南极区域上方极光的合成图像。

上图 卡西尼号探测器捕捉到的一颗在土星环 B 环外部运动的小天体（中间）的图像，它在环上投下了一道阴影。在图像中心附近看到的这颗新的小卫星是通过探测到其在环上投下的阴影而发现的，阴影在环上延伸 41 千米，这表明小卫星的直径约为 400 米。

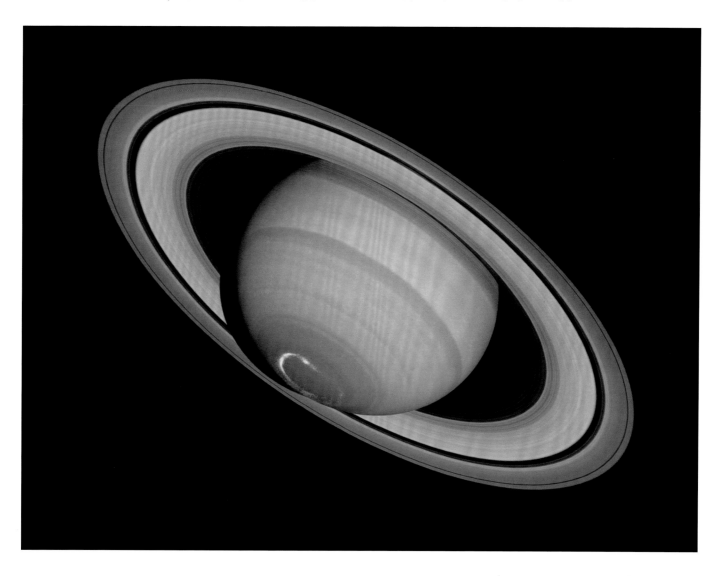

// 天王星

上图 旅行者 2 号探测器于 1986 年拍摄的天王星图像。

天王星是一颗冰态巨行星，它的质量约是木星的 5%，赤道直径是地球的 4 倍，与太阳的平均距离约为 29 亿千米，绕太阳公转一周需要 84.1 年。它的外部大气温度低于零下 224 摄氏度，从太阳所获得的热量只有地球的 0.25%。虽然它每 17.2 小时自转一周，但自转轴非常接近于沿其轨道的平面，因此它实际上几乎是在太阳系中滚动着

公转。这就形成了在太阳系独一无二的季节变化。它的两极都会有大约 42 年的持续光照，然后是 42 年的持续黑暗，因为天王星两极都会交替指向太阳和背向太阳，类似于地球的二至日。在二分日，太阳直射天王星赤道，南北半球都有

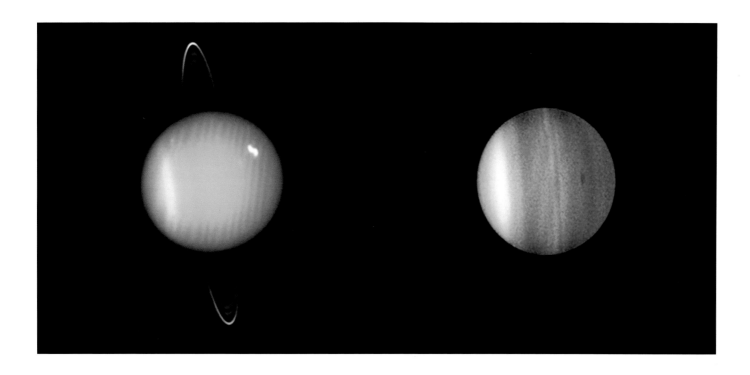

上图 哈勃空间望远镜拍摄的图像显示了天王星的不同面貌。

类似于地球的昼夜循环。这种极端轴向倾斜的原因可能是接近行星形成时的一次巨大撞击，因为天王星的卫星轨道也在它的赤道平面上，并且没有显示出近期扰动或主要行星撞击的迹象。

天王星有一个复杂的环系统，包括 13 个单独的行星环，成分可能是冰尘颗粒，这是外行星中常见的行星环成分。这些行星环看起来很年轻，可能不像土星环那样与行星一起形成。一种可能性是，它们是小卫星碰撞留下的粒子，或者是从现有卫星（例如就在其最外环外运行的天卫二十六）表面喷出的物质。

天王星的内部有一个厚厚的冰层，其厚度占了整个天王星半径的三分之二，上面是厚厚的氢氦大气层，带有微量的甲烷气体。它的深层核心可能是一个地球大小的富含硅酸盐和铁的岩核。在内部温度下，天王星的内部呈冰态，某些部分甚至可能是由甲烷和水组成的稠密的液态海洋。一些模型甚至提出，甲烷分子会被分解成纯碳，这些碳会以钻石的形式落到行星的幔层底部的液态钻石海洋上。甲烷无色无味的形态掩盖了一个事实，即它吸收了一些云顶反射的可见光，并呈现类似于海蓝色或蓝绿色的颜色。在其他红外波段可以看到模糊的细节，显示出类似于木星或土星的快速移动的云

带，但细节较少。

旅行者 2 号探测器曾于 1986 年造访天王星，它拍到了天王星的 5 颗大卫星的高分辨率图像，并发现了另外 10 颗从地球上看不到的较小卫星。旅行者 2 号还研究了天王星的 9 个环，并发现了另外 2 个环。有一批准备跟进旅行者 1 号和 2 号探测器研究的任务已经被提出，但目前美国国家航空航天局和欧洲太空总署都还没有安排准备在 2030 年和 2034 年的发射窗口升空的任何任务。

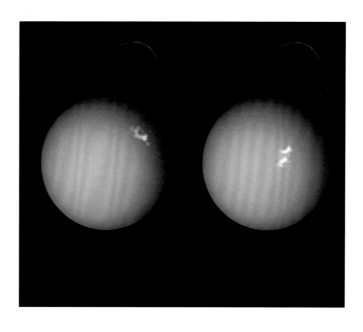

右图 来自哈勃空间望远镜和旅行者 2 号探测器的图像组合。2012 年和 2014 年，强烈的太阳风导致天王星的极光耀发。

// 海王星

我们太阳系中最遥远的行星——海王星运行在距离太阳约 45 亿千米的轨道上，绕太阳一周需要几乎 165 年。海王星的直径是地球的 3.88 倍，质量是木星的 5.5%，每 16.1 小时自转一次。它在大小和组成上几乎与天王星一样，其地球大小的岩核被厚厚的液态水、氨和甲烷组成的海洋所包围。人们认为像天王星一样，海王星在

核与幔层的边界附近的压力和温度高到富含碳的甲烷甚至可能结晶形成固体钻石雨，覆盖在岩核上。海王星的上层大气，像天王星一样富含氢，并有大量的甲烷和氨，但海王星明亮

下图 美国国家航空航天局的旅行者 2 号探测器在距海王星 700 万千米的高空拍摄的这张照片显示了大暗斑及其伴生的亮斑。

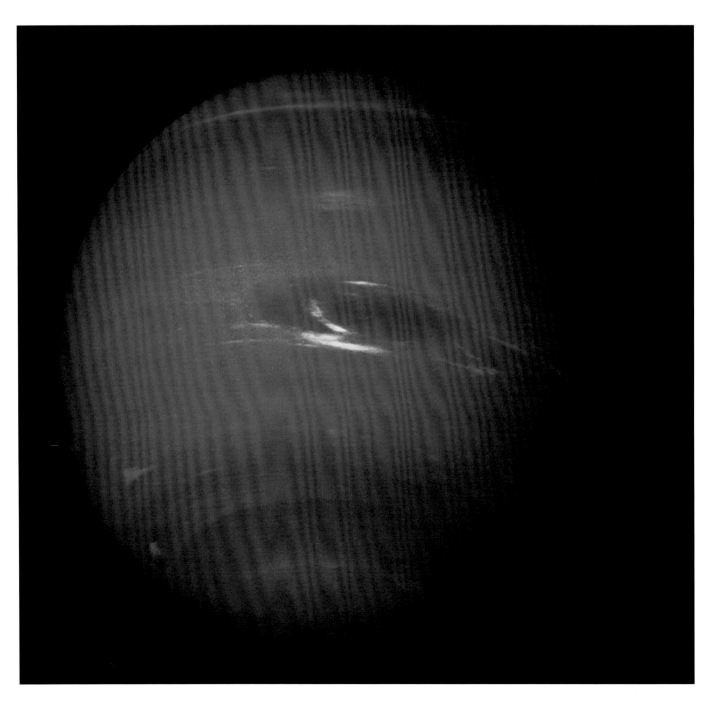

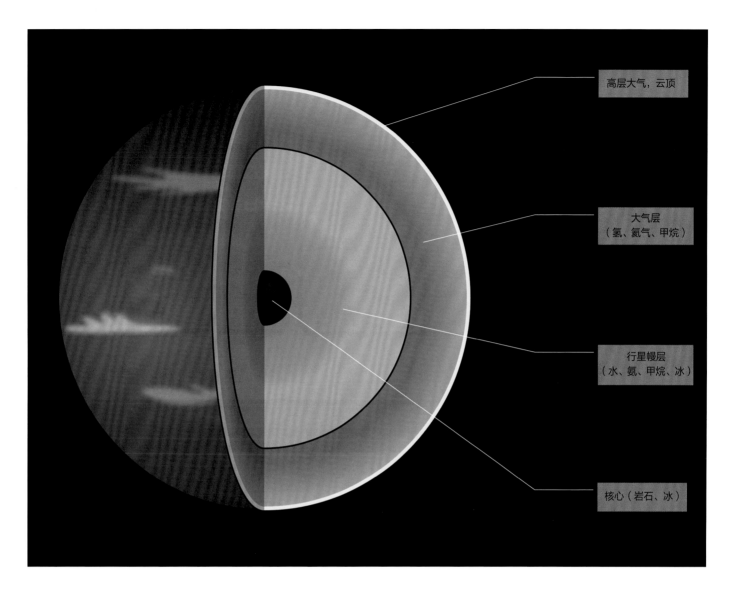

高层大气，云顶

大气层
（氢、氦气、甲烷）

行星幔层
（水、氨、甲烷、冰）

核心（岩石、冰）

的蓝色是甲烷分子吸收太阳光谱中的红光并将蓝光反射回太空的结果。天王星使光谱中的一些绿光也被反射，呈现出更多的蓝绿色，而大部分绿光被海王星的大气层吸收，使海王星呈现出更蓝的颜色。奇怪的是，海王星距离太阳遥远，到达海王星的太阳辐射能量很小，然而它的外层大气温度却超过了 480 摄氏度。在距离太阳如此遥远的星球上出现如此高温的原因尚不清楚。

与天王星不同，海王星的大气层更加透明，因此可以更容易地看到风暴和其他气象细节。海王星有一个大暗斑，风速高达 2500 千米 / 时，是太阳系中速度最快的风暴。海王星的磁场比地球磁场强近 30 倍，但与其自转轴方向不一致，而是相对自转轴倾斜超过 45°。海王星的磁场也偏离了海王星的中心，而不是像地球那样以地核为中心。天文学家目前

上图 海王星的组成成分和内部结构。

还不知道海王星上为什么存在这些磁偏差。

1989 年，旅行者 2 号探测器飞掠海王星，它是迄今为止唯一到访过这颗行星的探测器。在这么远的地方，信号到达地球大约需要 4 小时。旅行者 2 号探测器拍摄了海卫一和海卫二的高分辨率图像，并发现了 6 颗新卫星。该探测器还研究了海王星的环，发现了 2 个新的环，可能由小的冰或硅酸盐颗粒组成。2003 年美国凯克天文台对这些环的研究显示出它们发生的重大变化，这说明它们不是稳定的特征，并且最终可能会消失。有提议建议在 21 世纪 20 年代末或 30 年代初启动几项探测任务，但还没有一项任务获得资金支持能够开展探测。

// 矮行星

这些大型天体类似于普通行星，因为它们围绕太阳运行并且质量足够大，其自身引力使它们变形为球形。但有一个原因让它们有所不同并代表新的一类太阳系天体：行星已经完成了它们的形成过程，并扫除了它们轨道附近的所有物质，相比之下，矮行星仍然嵌在小行星带或柯伊伯带中，而且仍在其中继续形成。随着时间的推移，也许以数十亿年计，矮行星最终可能会吸收靠近其轨道的剩余碎石并成为成熟的行星。天文学家在 2006 年采纳这一定义时，将冥王星降级为矮行星，引起了公众的强烈抗议。

得益于 2007 年发射的黎明号探测器和 2006 年发射的新视野号探测器，谷神星和冥王星成为最先被详细研究的两颗矮行星。这两个探测器于 2015 年分别抵达谷神星和冥王星，并返回了数百张高分辨率图像，揭示了这两颗矮行星表面惊人的复杂性。如预期的那样，谷神星上遍布大量的陨击坑，在其中一个名为"欧卡托"（Occator）的大型陨击坑中发现了白色表面物质的痕迹，这些物质被鉴定为碳酸钠，它揭示了谷神星上存在一个巨大的地下储库，可能含有液态水。至于冥王星，它的表面混合了甲烷冰川以及新型地质构

下图 美国国家航空航天局的新视野号探测器在距离冥王星 45 万千米时拍摄的冥王星增强彩色图像。

下图 这张新视野号探测器拍摄的图像，横跨 400 多千米，显示了冰对流单体和其他非常年轻的特征，包括高度超过 2 千米的冰山。

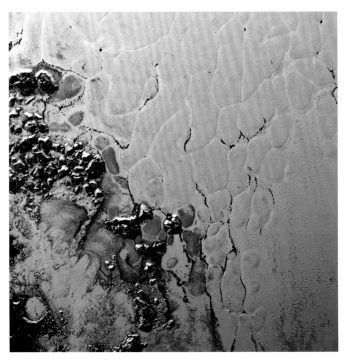

名称	距日距离（天文单位）	相对直径（月球 =1.0）	相对密度（水 =1）	自转周期	卫星数量（颗）	反照率
冥王星	39.5	0.68	1.8	6.1 天	5	50%
阋神星	67.8	0.67	2.5	25.9 小时	1	96%
妊神星	43.2	0.45	2.0	3.9 小时	2	66%
鸟神星	45.6	0.41	1.7	22.8 小时	1	81%
共工星	67.4	0.35	1.7	22.4 小时	1	14%
创神星	43.7	0.31	2.0	17.7 小时	1	11%
塞德娜星	506.8	0.29	未知	10.0 小时	0	32%
谷神星	2.8	0.27	2.2	9.1 小时	0	9%
亡神星	39.4	0.26	1.6	13.0 小时	1	23%

上图 这张假彩色图像显示了矮行星谷神星和刻瑞斯陨击坑中心的白色碳酸钠沉积物。

造的痕迹，这可能是由它的大卫星冥卫一施加的引潮力所致。冥王星也可能在地表以下数千米处有一片液态水海洋。

除了具有相对较小的体积和密度之外，天文学家对其余的矮行星知之甚少。它们的密度似乎都比水或水冰的密度略大，因此一些岩石物质可能形成了它们的核心。这些矮行星表面的反照率差异很大，因为它们的表面物质不一样，从几乎纯净的雪（阋神星、妊神星和鸟神星）到磨损的沥青（谷神星、创神星和共工星）。一些离太阳较遥远的矮行星（例如鸟神星）具有明显的微红色调，天文学家认为这是由于富

含甲烷的物质因暴露于太阳紫外线和宇宙射线中而发生变化，并产生了称为托林的共聚物分子。

其余矮行星的轨道比冥王星更远。虽然冥王星曾经将我们行星系统的边缘定义为距太阳约 75 亿千米，但鸟神星、妊神星和阋神星与太阳的平均距离分别为 68.4 亿、64.8 亿和 101.7 亿千米。我们以后可能会发现更多偏远的矮行星。

// 行星的卫星

在我们太阳系中行星的卫星种类繁多，令人眼花缭乱，要完整描述它们则至少需要一本与本书一样大的书。卫星有各种大小、形状和成分，从坚硬的岩石到坚硬的冰。它们中的许多因不寻常甚至令人费解的表面特征而显得与众不同。我们已发现的太阳系中8颗行星的卫星总共有205颗，而且每隔几年就会发现新的卫星。最近的研究显示，仅木星就还可能有多达600颗直径小至几百米的卫星。大多数较大的卫星可能是由数十亿年前形成行星的吸积物质形成的，例如地球自己的卫星月球或木星的那些大型伽利略卫星。其他卫星可能是行星从小行星带捕获的，例如火星的卫星以及木星和土星的最外层卫星。最近发现了地球的两颗新的临时卫星，称为2006 RH120和2020 CD3。它们可能会在轨道上运行几年，然后继续走自己的路。如果不是因为月球的引力影响，这些米级大小的天体可能已经成为永久的小卫星了。

行星的卫星最突出的表面特征通常是晚期重轰击时代和过去10亿年间无数次杂散撞击遗留下来的大量陨击坑。一些卫星足够大，可以进行不同程度的表面更新。木星的卫星木卫一的表面有许多硫黄火山，每隔几百万年就会重新在木卫一的地表喷发。其他卫星如冥卫一和木卫二等的壳层在其行星的潮汐作用下会变形和破裂。海王星的卫星海卫一上有间歇泉，土星的卫星土卫六似乎有许多活跃的冰火山在喷出液态水和氨。然后还有天王星的卫星天卫五，它的表面特征极其复杂，一些天文学家提出这是因为它在数十亿年前的一次巨大的撞击中被撞成了碎片，但是撞击不足以完全弹射出这些碎片。引力最终将这些碎片拉回到一起，因此卫星表面不同的地质情况现在看来如同一个视觉冲击强烈的表面构造大杂烩。

最有趣的卫星之一是土卫六，它是土星最大的卫星，其大气层比地球的大气层密度高约50%。它的大小比地球的卫星月球大50%，表面引力是地球的11%。从2004年开始，卡西尼号等探测器在多次环绕和近距离经过这颗卫星期间拍摄了其表面的瞬时雷达和红外图像，随后，惠更斯号探测器

下图 太阳系的主要卫星。

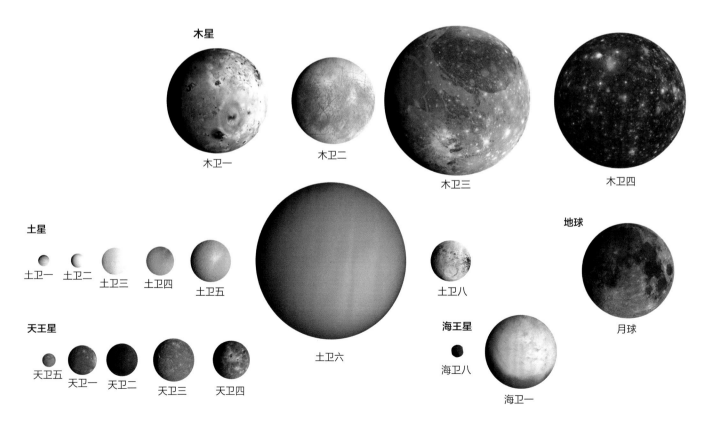

木星
木卫一　木卫二　木卫三　木卫四

土星
土卫一　土卫二　土卫三　土卫四　土卫五　土卫六　土卫八

地球
月球

天王星
天卫五　天卫一　天卫二　天卫三　天卫四

海王星
海卫八　海卫一

太阳系主要卫星的特征

名称	主行星	直径（千米）	成分	备注
木卫三	木星	5268	冰和岩石	地下海洋
土卫六	土星	5148	冰和岩石	太阳系唯一有大气层的卫星
木卫四	木星	4820	冰和岩石	最古老的陨击坑表面
木卫一	木星	3642	岩石	太阳系地质活动最活跃的天体
月球	地球	3474	岩石	距离地球最近的天体
木卫二	木星	3120	冰和岩石	地下海洋
海卫一	海王星	2706	冰和岩石	被捕获的柯伊伯带天体
天卫三	天王星	1576	冰和岩石	表面类似月球，存在海洋或月海
土卫五	土星	1526	冰	坑坑洼洼的表面
天卫四	天王星	1522	冰和岩石	表面呈红色并且类似月球
土卫八	土星	1500	冰	半球间亮度有巨大差异
冥卫一	冥王星	1212	冰	有冥王星的引潮力造成的大裂谷

于 2005 年抵达其表面。雷达图像可以穿透大气层并绘制出大量液态盆地和湖泊以及河流支流，这些水体与地球上的类似。在仅略高于零下 179 摄氏度的温度下，土卫六的表面处于低温深度冻结状态。尽管如此，乙烷和丙烷等类汽油的化合物取代了地球上的液态水而存在，而且土卫六也有自己的冰火山，它们的温度低到足以将液态水作为熔岩喷出。

左图 木卫二的液态海洋位于冰冻的冰壳之下，可能蕴藏着数十亿年前从其自身的化学混合液中形成的生命。

上图 对土卫六沙尘暴的艺术描摹。

上图 阿波罗 15 号宇航员吉姆·欧文（Jim Irwin）在 1971 年执行探月任务期间在月球的哈德利－亚平宁地区工作。

月球

月球的引力大约是地球的六分之一，它被地球引力锁定，每 28 天自转与公转同步运行一周，因此永远只有同一面朝向地球上的观察者。尽管它在夜空中发光，但实际上它只具有与老旧沥青相近的反照率。它明亮多山的高地是

下图 没有一幅月球的图像把它拍得恰到好处。这幅由美国国家航空航天局月球勘测轨道飞行器拍摄的马赛克图提供了一个典型的近侧视图，显示出月球的经典陨击坑和黑暗的月海。

古老的表面岩石，在 43 亿多年前月球形成时就存在了。黑暗的月海或"海洋"是巨大的小行星撞击月球导致岩浆流出形成的，在某些地方，例如雨海或澄海，仍然呈现出被岩浆填满的巨大陨击坑的圆形轮廓。

阿波罗计划已过去 50 年，月球仍然是人类涉足过的唯一天体。很快，另一支由机器人和人类组建的探访队伍将在 21 世纪 20 年代重返月球。由 12 名宇航员在阿波罗计划中所带回的土壤和岩石样本在很大程度上帮助确定了月球的成因。在地球形成大约 1 亿年后，一颗火星大小的小行星与地球相撞，并喷射出大量的表面物质以及小行星内部的物质。这些混合的物质在地球周围形成了碎石环，经过几千年，慢慢地吸积成为月球。

火卫一和火卫二

火星的这两颗卫星非常小，直径几乎不到 22 千米，以至于它们更像是小行星，而不是火星本身形成的本土卫星。这两颗卫星离火星非常近，在 23000 千米之内，从火星表面就可以看到它们在天空中的运动。在接下来的几百万年内，它们都面临着最终被引潮力和轨道衰减摧毁的危险。从它们的外观和可能的成分来看，它们很可能是被捕获的小行星，尽管这种"双体"捕获的确切机制尚不清楚。与火星相比，这些卫星更可能成为地球造访者的目的地，因为在燃料有限的情况下，从地球前往这些卫星要比从深引力井底部前往火

左图 火卫一上有一个名为斯蒂克尼（Stickney）的巨大陨击坑（右边缘），线性特征反映了火卫一因距离火星很近而产生的强大引力应力。

从米级大小的冰质卫星到水星大小的小行星卫星。木星最大的 4 颗卫星是由伽利略首次发现的，因此被称为伽利略卫星，它们是：木卫一、木卫二、木卫三和木卫四。木卫一与木星的距离很近，导致了木卫一的引力扭曲和一个加热它内部的巨大能量源，这进而引发 400 多个火山口喷出硫化物，使木卫一呈现橙黄色。与木卫一不同，木卫二、木卫三和木卫四的核心都是岩质核心，上面是由厚冰壳覆盖的内部海洋。陨击坑和木星引起的引力应力导致冰壳破裂。这些卫星是太阳系中可能存在生命的离地球最近的天体，生命可能存在于它们的液态海洋中，因此它们是未来几十年机器人探索的主要目标。

星表面的旅程容易得多。事实上，因为这些卫星的质量非常小，所以飞船实际上会与它们的表面对接，而不用消耗任何火箭燃料。

木星的伽利略卫星

虽然在内太阳系很难找到卫星，但外太阳系那些气态巨行星和冰态巨行星本身就像微型太阳系，拥有众多卫星，

下图 木星的 4 颗最大的伽利略卫星及其表面特征，由航天器分别以中、高分辨率成像。

木卫一	木卫二	木卫三	木卫四

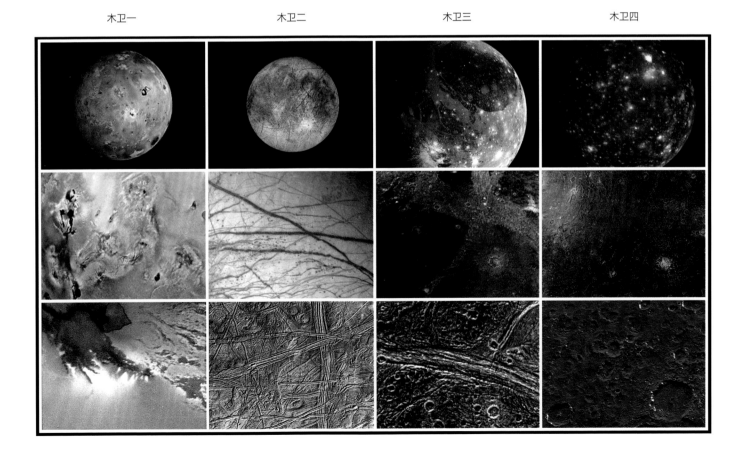

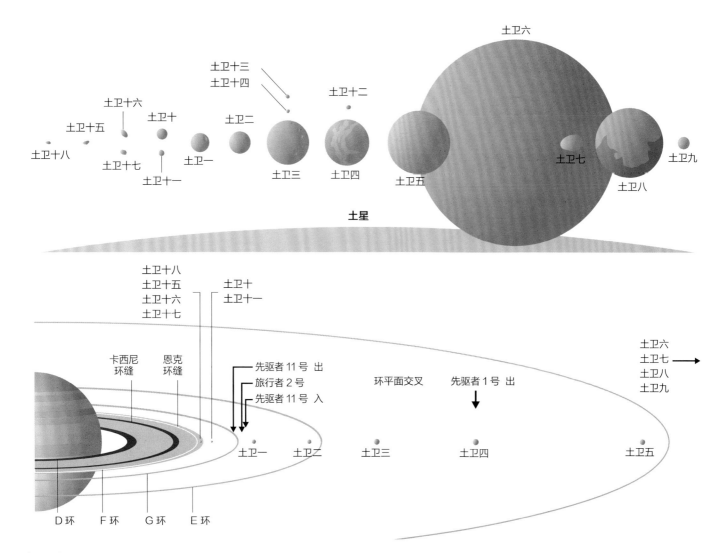

土卫六

土卫十三
土卫十四
土卫十二
土卫十六
土卫十五
土卫十
土卫二
土卫十八
土卫一
土卫三
土卫四
土卫五
土卫七
土卫八
土卫九
土卫十七
土卫十一

土星

土卫十八
土卫十五
土卫十六
土卫十七
土卫十
土卫十一

卡西尼
环缝
恩克
环缝

先驱者 11 号　出
旅行者 2 号
先驱者 11 号　入

环平面交叉

先驱者 1 号　出

土卫六
土卫七
土卫八
土卫九

土卫一
土卫二
土卫三
土卫四
土卫五

D 环　F 环　G 环　E 环

土卫六

在土星色彩斑斓的卫星中，土卫六无疑是最神秘和最令人兴奋的。土卫六比水星略大，大气质量和密度是地球的50%，不过它的成分更接近在炼油厂可能发现的成分。"卡西尼－惠更斯"计划通过惠更斯号探测器及其成像雷达系统彻底更新了我们对土卫六的认识，该系统可以穿透其大气层并绘制大气层下面的土星表面图像。土卫六的景观是地球的奇异版，山上是冰而不是岩石，河道中流动的是甲烷和乙烷，湖泊中是日积月累的乙烷。在零下180 摄氏度的表面温度下，其富含有机物的表面物质让人联想到生物起源前的地球，但被永久冻

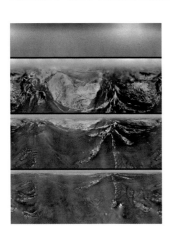

左图 惠更斯号探测器拍摄的土卫六鸟瞰图。

上图 土星卫星大小和位置比较。

下图 卡西尼号探测器拍摄的一系列红外图像展示了土卫六不断变化的表面。

结在了深度冰冻状态。土卫六可能有一个地下液态水海洋，有机生命有可能在其中产生。土卫六的表面有喷出熔融液态水的冰火山，似乎暗示冰壳下方存在液态水海洋，并且有足够的内部能量使海洋保持流动。

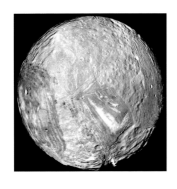

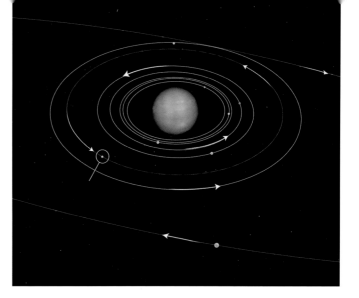

右图 在旅行者 2 号探测器摄于 1986 年 1 月 24 日的这张照片中可以看到天王星冰冷的卫星天卫五。

左图 人们认为海王星环比太阳系的年龄要年轻得多，也比天王星环的年龄要年轻得多。它们可能是当海王星的一颗内卫星离它太近而被引力撕裂时产生的。

天卫五

1986 年，当旅行者 2 号探测器首次以高分辨率拍摄到天王星最大的卫星时，该卫星对天文学家来说是个谜。像大多数其他大型卫星一样，它的球状外形反映出它是由引力吸积形成的，但它怪异的表面特征又暗示着一个更复杂、更不像是循序渐进的形成过程。天卫五的表面物质构成像是带有无数平行沟槽的补丁拼凑在一起的，周围环绕着似乎非常古老的陨击坑。根据一种理论，天卫五可能是与一个大型天体碰撞而破碎，然后在引力作用下，它的碎片又以错乱的顺序重新组合在一起。另一种理论则更符合其景观数据中细节清晰的坑和其他地形，认为天卫五的内部曾经一度是熔融的。对流流体将富含水和氨的内部物质通过许多裂缝带到表面，并在那里凝固。

海卫一

它是海王星最大的卫星，也是太阳系第七大卫星，比我们的月球只略小一点。海卫一只能接收到落在月球上的太阳光的 1/900，这使得海卫一的表面温度保持在零下 235 摄氏度。海卫一很可能是被捕获的柯伊伯带天体，因为它环绕海王星运行的方向与海王星其他卫星的相反。它的表面被冻结的氮覆盖，但地质活动活跃，有少数陨击坑以及喷发液态水和氮的冰火山的证据，其中最大的冰火山直径超过 100 千米。该火山的羽状喷流向太空延伸超过 8 千米，并可能让未来的飞船有机会从中穿过，寻找有机化合物甚至生命的痕迹。

上图 海卫一是海王星最大的卫星，也是太阳系中的第七大卫星。它的地质活动活跃，有一个主要成分是冰冻的氮的表面，一个主要成分是水冰的壳层，一个冰质幔层以及占其总质量三分之二的岩石和金属组成的核心。

冥卫一

冥卫一围绕矮行星冥王星运行，是一颗相当大也相当有趣的卫星。没有人指望在太阳系这些遥远的寒冷地带会有多少有趣的表面特征可供观察。然而，冥卫一每 6 天绕冥王星运行一周，因此受到来自引力应力的内部加热。新视野号探测器传回的图像显示了一个复杂的表面，深深的峡谷和大小不一的陨击坑使它看上去满目疮痍。冥卫一斑斓的色彩，包括各种深红，反映出其地貌受到宇宙射线和微弱太阳紫外线的化学作用，但也有一些物质是在数十亿年中，从冥王星转移到冥卫一的。据预测，它的内部是岩石和冰的混合物，内核是岩石，幔层可能是液态水。冰火山出现在冥卫一的表面，所以冥卫一至今在地质上仍然很活跃。它最奇特的特征之一是一条壕沟中的山。这座 3 千米高的山可能是一座死的冰火山，位于一条水冰壕沟中间，该壕沟从塌陷的地下洞穴延伸而出。

下图 2015 年 7 月 14 日，美国国家航空航天局的新视野号探测器就在与冥卫一距离最近之前拍摄了冥卫一的这张高分辨率增强彩色图像。

// 小行星

上图 小行星带位于木星和火星轨道之间，但在内行星的轨道以内也可以找到成千上万颗小行星。许多小行星对我们的地球有潜在撞击危险。

在火星和木星的轨道之间，太阳系的大部分岩质小行星像行星一样围绕太阳运行。它们是原行星盘上留下的松散碎石，通过多次碰撞凝聚和增大。它们的大小并不一致，从沙粒大小到少数直径超过 100 千米不等。虽然目前还没有航天器返回它们的岩石样本，但陨石碎片会降落在地球上，可以回收并进行详细研究。

小行星分为几个不同的家族，包括石质（S 型）、铁镍质（M 型）和碳质（C 型）。石质小行星的轨道距离太阳最近，富含类似于地球陆地表面的硅酸盐物质。铁镍质小行星的成分几乎是纯铁和镍，这反映出曾经有几颗大型小行星发生过碰撞，撞击后从中生成了含铁和镍的陨石。最后，还有富含碳化合物和有机物（以及水）的碳质小行星。这些小行星没有经历过引力作用产生的内部加热，主要成分是曾经主要构成原行星盘的原始、未经加工的物质。此外，在一些陨石中，我们可以看到单个颗粒，有些颗粒大小可达几毫米，它们可能起源于远古恒星的大

气层，并以较重的元素丰富了原行星盘。总的来说，主小行星带的总质量约为月球质量的 3%，代表一个直径约 1200 千米的单一天体。

虽然我们不可能确切地说出有多少颗小行星，但可以估

下图 航天器到访过的小行星和彗星显示出各种各样的陨击坑和岩石表面。

951 加斯普拉

25143 丝川

艾卫 [（243）艾达]

243 艾达

2867 斯坦斯　4179 图塔蒂斯

5535 安妮·弗兰克

9969 布拉耶

162173 龙宫　101955 贝努

433 爱神星

253 玛蒂尔德

21 司琴星

哈雷彗星

19P/ 包瑞利彗星

坦普尔 1 号彗星

威尔德 2 号彗星

哈特雷 2 号彗星

丘留莫夫 - 格拉西缅科彗星

上图 这张图像显示了在小行星贝努上发现的各种各样的巨石的形状、大小。图像由美国国家航空航天局的冥王号探测器从距离贝努 3.4 千米的高空拍摄。

我们已经确定了 100 多万颗小行星的轨道。黎明号、罗塞塔号、伽利略号、近地小行星交会、深空 1 号、冥王号、隼鸟号和嫦娥 2 号等探测器也都详细拍摄了小行星的表面。大多数小行星表面看起来布满了陨击坑。尽管小行星带内的小行星数量众多，但小行星之间的碰撞实际上非常罕见。2010 年，天文学家用哈勃空间望远镜研究了名为 P/2010 A2 的主带彗星中的这样一个事件：一个直径可能有 100 米的较大天体被一颗较小的小行星撞击，较大的天体幸存了下来，较小的那颗小行星却只剩下一堆碎石，形成一条尾巴。

尽管绝大多数小行星位于火星轨道之外，但有近 14000 颗小行星穿过火星轨道进入内太阳系。天文学家特别关注那些距离地球轨道几百万千米以内，或者穿过地球轨道的小行星，因为它们中的一颗最终可能会撞击地球。迄今为止，天文学家已发现超过 23000 个近地天体，其中 2093 个被称为潜在威胁天体，因为它们的轨道预计将会把它们带到距离地球 800 万千米的范围内运行。潜在威胁天体中约有 157 个天体直径大于 1 千米，因此如果其中一个撞击地球，就会造成严重的后果，甚至造成生物灭绝级别的事件。每年都有新的近地天体和潜在威胁天体被发现，其直径一般在 100 米左右。天文学家估计，到目前为止，大约有 30% 的潜在威胁天体已被发现，但对于它们轨道的观测必须每隔几周仔细重复一次，因为它们与地球和其他行星的引力相互作用会导致轨道逐渐变化。

算出有多少颗小行星的大小比某一特定尺寸大。例如，天文学家已经发现了几乎所有直径大于 100 千米的小行星，这样的小行星有 240 颗。然而，对于直径大于 1 千米的小行星，估计有将近 200 万颗。天文学家对那些直径大于 10 千米的小行星特别感兴趣，因为大约在 6500 万年前，它们中仅一颗与地球相撞就导致了恐龙的灭绝。迄今为止，天文学家已经发现了超过 1 万颗这么大的，甚至更大的小行星。目前，

下图 这一类似彗星的天体 P/2010 A2 可能产生于两个天体之间的碰撞事件，该事件大约发生在拍摄这张图像的一年前。残余的小行星是最左边的星状点。

// 彗星

彗星划过天际是有史记载以来观测到的最引人注目的天象之一，仅次于日全食。彗星由一个直径可达 50 千米的巨大固体组成，其成分是各种各样的冰，当接近太阳时，冰开始蒸发。随着物质的蒸发，彗星会留下一条长长的气体和尘埃尾巴，可以从彗核或彗发延伸数百万千米。

有些彗星，如著名的哈雷彗星，会沿椭圆轨道周期性地返回内太阳系。到目前为止，大约有 730 颗彗星被编目。每年会有 5～10 颗新的彗星被发现。它们大多很遥远，光线非常微弱，如果没有望远镜的帮助，从地球上是不容易看到的。周期小于 200 年的彗星被称为短周期彗星。它们的轨道往往延伸到远离太阳的柯伊伯带。显然，外行星对这些柯伊伯带天体不断的引力推挤把其中一些彗星推上了到达内太阳系的椭圆轨道。

长周期彗星的轨道要么是离心率极大的椭圆，要么是双曲线，它们的轨道周期要比 200 年长得多，这使得观测它们返回内太阳系要么是根本不可能的，要么是不太可能的。最近一次发现的此类彗星是在 2020 年观测到的新智彗星，它可能还要再过 6800 年才会返回内太阳系。它们的轨道似乎延伸到一个遥远的称为奥尔特云的彗星"仓库"中，距太阳 5 万～10 万天文单位。在 2500 颗已知的不太可能回到我们太阳系的双曲线轨道彗星中，一个例子是 2017 年发现的奥陌陌彗星。它的运行速度达到了太阳系的逃逸速度，并

下图 经过 10 多年的飞行，欧洲太空总署的罗塞塔号探测器于 2014 年到达丘留莫夫－格拉西缅科彗星。这张图像是在彗星表面上方 285 千米处拍摄的。这颗彗星的彗核呈哑铃状，长约 4 千米。从图中可以看到陡峭的斜坡和悬崖、边缘锋利的岩石结构、明显的坑洞以及平坦而宽广的平原。

上图 在 2020 年 7 月，新智彗星是一颗引人注目的肉眼可见的彗星，天文学家和普通大众多次拍摄过它。

上图 丘留莫夫 – 格拉西缅科彗星表面喷出的尘埃流。

下图 新视野号探测器对原始的柯伊伯带天体阿罗科斯进行了探测。阿罗科斯是迄今为止我们太阳系中已知离太阳最远的天体之一，其表面已被详细成像。

且实际上被认为是一个星际天体而不是彗星。

迄今为止，航天器已经造访了几颗彗星，从 1986 年乔托号国际飞船飞掠哈雷彗星开始，到 2014 年罗塞塔号抵达丘留莫夫 – 格拉西缅科彗星的轨道。虽然哈雷彗星飞掠太阳时被太阳加热导致的浓厚喷流云遮蔽，但罗塞塔号仍传回了数千张高分辨率图像，这些图像显示了一个崎岖不平、布满巨石的表面，揭示出惊人的复杂景观。随着时间的推移，哈雷彗星表面的一些喷发口变得活跃，可以直接观察到一些气体喷入正在形成的彗尾中。

许多彗核的起源似乎是柯伊伯带，它已知包含数百颗直径几千米的富含冰的天体。2019 年，新视野号探测器（发射于 2006 年）在 2015 年历史性地飞掠冥王星后，又完成了对柯伊伯带天体之一的飞掠。天文学家当时要寻找一个目标天体，它要在新视野号与冥王星相遇后的轨道路径上。天体 2014 MU69 于 2014 年被发现，并被正式命名为阿罗科斯（Arrokoth）。它的直径只有 45 千米，每 293 年绕太阳运行一周，距离地球 64 亿千米。探测器图像显示，阿罗科斯由两个直径约 15 千米的较小天体组成，它们在一次古老的碰撞中融合在一起。对阿罗科斯表面的光谱研究表明，它是一颗含有甲醇、氰化氢、水冰和其他有机化合物的微红色天体。像许多呈微红色的遥远天体一样，它的这些表面物质经过数十亿年太阳紫外线和宇宙射线的加工而成了具有这种特别的颜色的托林。

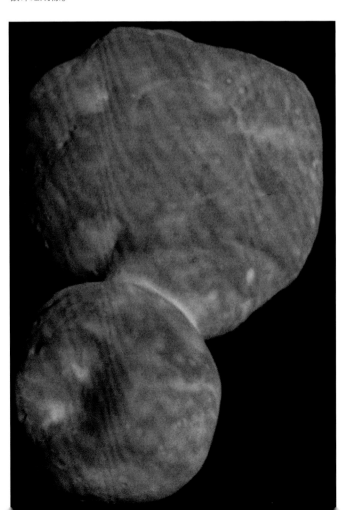

// 陨石和小行星的威胁

我们往往不会觉得在夜空中看到的流星会带来被闪电击中那样的潜在威胁，但事实上，长期以来，人们已知陨石会伤害少数不幸的人，甚至导致他们死亡。流星像小行星一样，大小不一，从无害的沙粒大小，会在划过天空时留下一道道我们可见的光，到米级大小，能在与大气的摩擦中形成惊艳的火流星，照亮整个天空并在地上投下阴影。

由于可以收集和研究留在地面上的陨石，我们能从中了解它们的母星小行星的化学成分。岩质和石质陨石来自足够大的小行星，小行星的引力作用可以加热其内部，并导致较轻的硅酸盐化合物与较重的元素（如铁和镍）分离。在这个分离期之后，这些天体被碰撞成了碎片。剩下的富含硅酸盐和富含铁的碎片成为我们在地球上收集到的石质和铁镍质陨石。从未受过来自内部的加热和压力的最原始物质是碳质球粒陨石。这些陨石是来自遥远小行星的最有趣的样本之一，也是我们可以在太阳系的任何地方回收的最古老的物质之一。默奇森陨石于 1969 年坠落在澳大利亚，总质量超过 100 千克。它富含氨基酸和其他有机化合物，并且其质量的 12% 是水。虽然它的年龄大约是 49 亿年，但含有年龄接近 70 亿年的碳化硅微小颗粒。这些颗粒是在早已消亡的红巨星的大气中形成的，它们穿越星际空间，嵌入默奇森陨石累积的物质中。

虽然较小的陨石会在大气中燃尽，但较大的陨石会一直落到地面。这些陨石可以回收用于研究，或者以每千克数千美元的价格出售给收藏家，但是当陨石大到足以在碰撞时留下陨击坑时，就会出现问题。在偏远地区，这不构成问题或威胁，但如果陨击坑大到足以吞没一栋楼、一个镇或一座城，它就不再是休闲娱乐对象了。

曾有人被质量不到 1 千克的小陨石击中，幸运的是，其中许多事件都不是致命的。也曾有汽车和建筑物遭到小陨石的破坏，但并未被损毁。大陨石撞击地球的频率是一个概率和统计问题。据测，对于最大的 10 千米会导致物种灭绝的这一级别的小行星，每 1 亿年左右会发生一次撞击地球事件，而每小时都会有较小的米级大小的天体坠落地球。在这两个极端之间，陨石越大，撞到地球的频率越低，但破坏程度相

下图 这张 1988 年至 2020 年之间的火流星观测图显示了大小在 1～70 米的小行星撞击地球的常见程度。小圆圈表示有大约 1120 吨 TNT 当量能量释放的事件，而红色大圆圈表示 2013 年车里雅宾斯克陨石撞击地球事件，该事件当时释放了 33.6 万吨 TNT 当量能量。较小的撞击事件大约每年发生 10 次，而较大的则平均每世纪发生 1 次。

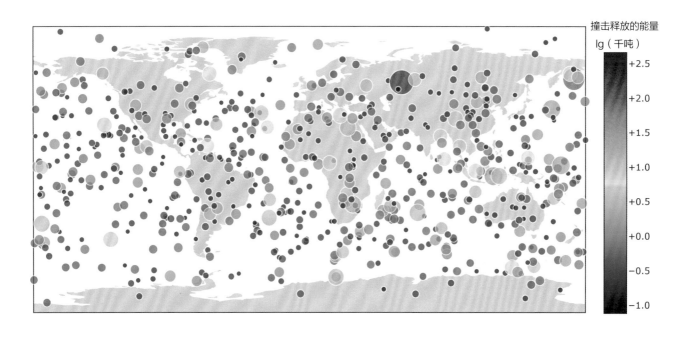

撞击释放的能量
lg（千吨）

+2.5
+2.0
+1.5
+1.0
+0.5
+0.0
-0.5
-1.0

上图 默奇森陨石原始的内部富含
有机化合物，但其表面因高速进
入大气层而出现了深深的划痕并
被烧黑了。

左图 一颗罕见的碳质球粒陨石，
来自撒哈拉沙漠的流星坠落。该
陨石中大量粒状体的形成时间早
于地球，其中一些可能是在早已
死亡的红巨星的大气层中形成的。

应增加。

　　天文学家已经启动了探测直径大于 100 米的小行星的计划，因为这个大小级别的小行星撞击地球的事件大约每百年发生一次，但能够对整座城市造成重大损害。1900 年以来发生了两次这样的事件：1908 年的通古斯陨石撞击地球事件和 2013 年的车里雅宾斯克陨石撞击地球事件。这两次事件中的天体在撞击地球前都在高空爆炸。通古斯事件中天体的直径可能为 50 ～ 200 米，释放了 20 兆吨 TNT 当量的爆炸能量，炸平了西伯利亚无人居住的森林。2013 年的车里雅宾斯克事件中天体的直径约为 20 米，释放的爆炸能量相当于 33.6 万吨 TNT 当量，但它仍然对一座小城市造成了巨大的破坏，造成 3000 人因玻璃飞溅而受伤，建筑物因压力波受到相当大的损坏。

　　许多近地天体的轨道已经被提前计算出来，以确定它们是否对地球有实际的碰撞威胁。这些我们称为潜在威胁小行星或潜在威胁天体的天体，如果包括彗星的话，它们撞击地球的概率不超过 5%，并且它们的直径都不到 100 米。但不幸的是，在估计的 25000 个直径超过 140 米的近地天体中，迄今为止只发现了约 9000 个，因此仍有许多未发现的近地天体和潜在威胁小行星令人担忧。潜在威胁小行星的名单列表每天都在变化，旧的行星轨道经后续测量得到了订正。令人不安的是，在某些情况下，从发现它们到估计它们成为威胁之间的时间可能不到几年。这时间不足以启动任何拦截任务，但足以计算出地球上可能的目标区域并制订疏散计划。然而，考虑到这些不确定性，最终的目标区域可能有半个地球表面那么大，预设的计划可能会毫无帮助。

下图 车里雅宾斯克陨石于 2013 年 2 月 15 日进入地球大气层。它在空中爆炸，损坏了建筑物并造成人员受伤。

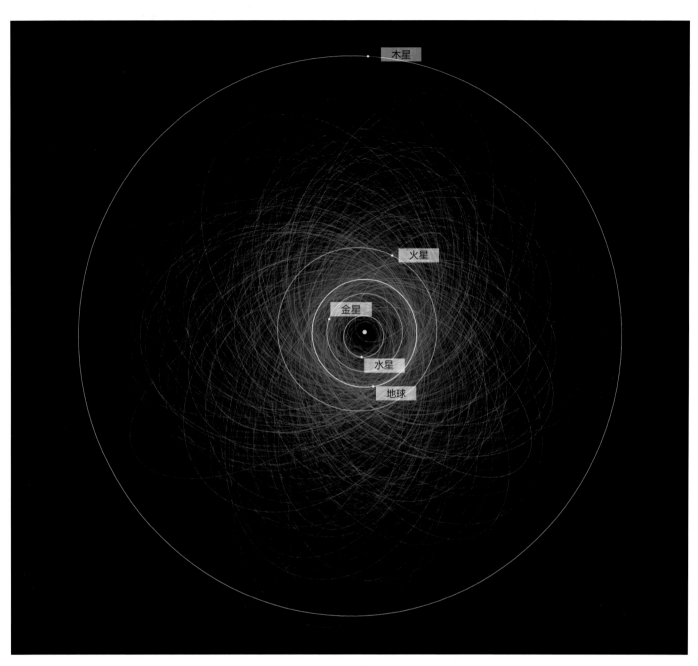

名称	直径（米）	与地球的最小距离（千米）	距地球最近的日期
99948 Apophis	1066	38300	2029 年 4 月 13 日
2007 UW1	245～560	100200	2129 年 10 月 19 日
2012 UE34	165～395	107800	2041 年 4 月 8 日
2007 YV56	395～1215	235200	2101 年 1 月 2 日
2005 YU55	1050～1310	237000	2075 年 11 月 8 日
2000 WO107	1215～2755	243700	2140 年 12 月 1 日
2011 WL2	625～1380	244600	2087 年 10 月 26 日
2001 WN5	2300～4925	248800	2028 年 6 月 26 日
1998 OX4	560～1215	296200	2148 年 1 月 22 日
2005 WY55	625～820	332500	2065 年 5 月 28 日
2009 DO111	245～490	335200	2146 年 3 月 23 日

上图 该图显示了所有已知潜在威胁小行星的轨道，截至 2013 年初，这样的小行星的数量超过 1400 颗。这些小行星被认为是危险的，因为它们相当大（直径至少 140 米），并且它们的轨道接近地球轨道（750 万千米以内）。

太空旅行

　　20世纪50年代，人类终于将飞船发射到太空，开启了探索我们世界的新篇章。长期以来太空旅行一直是科幻小说的主题，人类的太空旅行很快随着飞船升空真正开始了，有阿波罗宇航员一次次的月球之旅，还有围绕地球运行的永久性空间站的建立。尽管我们通过无人驾驶航天器和机器人探测器已经学到了很多东西，但人类仍然渴望踏上火星，甚至去一些已发现的围绕附近其他恒星运行的系外行星。要做到这一点，我们的航天推进技术需要一场革命，还需要持续的奉献和牺牲精神。

国际空间站 (2019 年 11 月 22 日摄)，联盟号 MS–13 载人飞船与空间站对接。

// 遥远的探险

人类是天生的探险家，主要是因为在远古时代，作为狩猎采集者的人类必须跟随赖以生存的动物迁徙。这穿越千年万年的冲动促使我们去探索地球的整个表面。直到最近几个世纪，我们才抬头仰望月亮和星星，并确信在未来的某个时候，它们也将成为我们探索的新领域。太空探索真正始于 20 世纪 50 年代，当时发射了几颗初级卫星，例如斯普特尼克 1 号和 2 号、探险者 1 号。在之后航天事业快速发展的 60 年内，我们已经涉足月球，并将机器人航天器送往了火星。我们的航天器，经过 10 多年的旅行，甚至已经到达了我们太阳系的外部边缘，远远超出了冥王星的轨道。太空旅行已成为一项国际冒险，已有 10 多个国家制订了自己的太空计划。这些尝试中最主要的是无人太空探索。

几个世纪以来，我们一直在使用强大的地面望远镜收集数据，并通过遥感技术对宇宙进行无人太空探索。随着能够将重型有效载荷送入地球轨道及更远处的火箭技术的出现，现在可以使用远程传感器、相机和机器人系统探索我们的太阳系。这些高科技设备在飞掠或环绕行星和小行星期间收集的信息随后会被传回地球进行分析。1990 年发射的哈勃空间望远镜提供了一些最令人惊叹的信息，它传回了 100 多万张行星表面、恒星及遥远星系和星云的图像。宇宙背景探测器、威尔金森微波各向异性探测器和普朗克宇宙辐射探测器等航天器彻底改变了我们对宇宙起源和演化的理解。旅行者 1 号和 2 号、卡西尼号、伽利略号、新视野号和朱诺号等探测器提供了有史以来首批外行星环境的图像和测量结果。数十次飞掠以及轨道飞行器和着陆器计划对火星进行了深入研究，其中包括 2012 年发射的极为成功的好奇号火星探测器。2005 年发射的火星勘测轨道飞行器经过 45000 次轨道飞行，已传回超过 65000 张高分辨率图像。在地球附近，我们月球的整个表面已被 2009 年美国发射的月球勘测轨道飞行器绘制成分辨率达到 1 米的图像。未来的无人太空探索包括登陆金星、绕飞并研究木星更大的卫星以寻找液态水的迹象，以及发射更大、功能更强的火星着陆器和漫游车去寻找化石生命的痕迹。无人太空探索的低成本（很少超过几十亿美元）以及巨大的科学回报，使得这种探索活动可以无限期地持续到未来，只有我们的想象力会限制我们将要提出的问题。

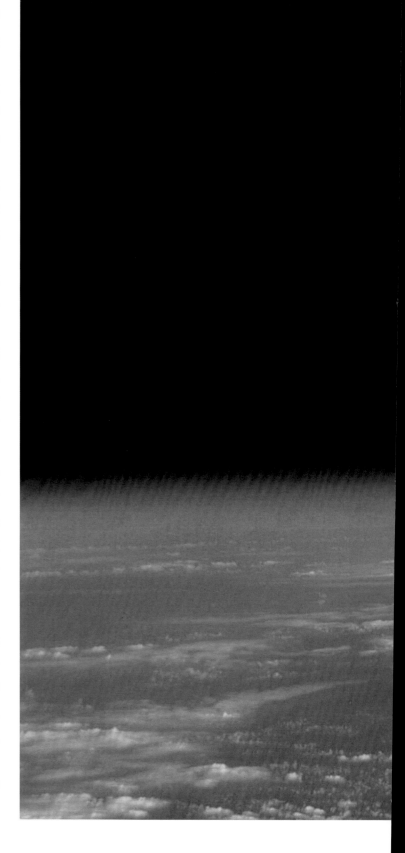

下图显示了位于地球上方 600 千米的轨道上的美国国家航空航天局及欧洲太空总署的哈勃空间望远镜。

// 载人探索

人类对地球的探索几乎是在人类一出现并立即从许多免费的自然资源中受益时就开始了。我们受益于：在适当的气压下总是有空气可以呼吸；地球引力总是保持相同的方向和大小，使我们的生理和生物化学机能正常运转；大气层保护我们免受损害我们基因的紫外线和宇宙辐射的伤害；总有丰富的液态水可用；无论走到哪里，几乎总有足够的食物和住所供给。我们专注于探索带来的兴奋感和利益。我们地球的陆地表面似乎没有我们无法探索的地方。

然而，一旦离开我们的地球，养育我们生物圈的那些免费资源就不再可用了。我们必须随身携带那些免费的自然资源或使用技术智慧来创造它们。但即使是迈出冒险这一步，我们也必须付出高昂的代价。我们必须离开位于一个深引力井底部的地球表面。这需要建造能极快地提供巨大推力的火箭。火箭从发射到进入轨道一般只花不到 10 分钟，但需要大量的能量消耗。我们所有的体积和质量被压缩到极

下图 联盟号运载火箭脱离对接后，第 56 远征队成员拍摄了这张国际空间站的照片。

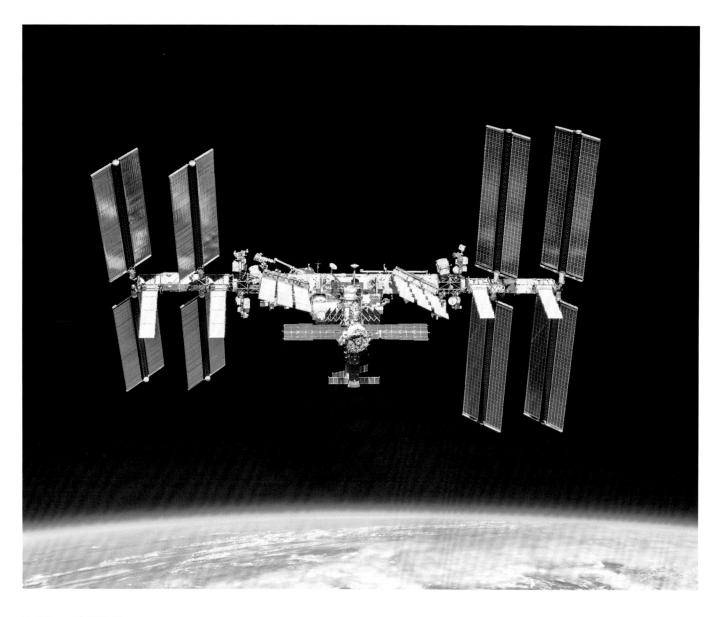

和进行探测计划的火星之旅则是完全不同的事。

对在和平号空间站和国际空间站上生活长达 14 个月的宇航员进行的研究，证实了在太空中长期逗留会对人体产生许多有害的影响。其中对人体产生的令人不安的影响包括骨质丢失、视觉障碍甚至基因损伤等，还检测到人体免疫系统的功能逐步下降。太空逗留对人体生理的影响都还没有简单的干预措施来消除或减少，它们会随着逗留太空天数的增加而增加。持续几个月的往返月球之旅可能不会严重影响人的健康，但前往火星的旅程单程一般需要长达 224 天的飞行时间，再加上可能在其表面停留长达 1.5 年，所以尽管火星地表有一定引力，但难以屏蔽来自太阳和宇宙的辐射。虽然已有论据有力地证明在月球上建立研究基地是在人类承受能力范围内的，但目前，我们前往太阳系中的其他行星仍然仅仅是有趣的工程层面的练习而已，并且这对人类身体来说可能是致命的。

上图 宇航员巴兹·奥尔德林（Buzz Aldrin）在月球上组装了一台地震传感器。

下图 铝质舱壁有一定厚度，可以屏蔽一些来自宇宙和太阳的辐射，但不足以支撑宇航员完成持续数年的任务。图中人物是国际空间站里的宇航员里德·韦斯曼（Reid Weisman）。

致的燃料都依靠液氢等燃料和液氧等氧化剂发生化学反应。它们在火箭燃烧室中接触时爆炸，通过喷射气体提供推力。几十年来，化学火箭一直是太空探索的支柱，随着我们目标的稳步增加，火箭系统也越来越大。载人探索需要可呼吸的大气、温度控制以及包括食物和水在内的供应。即使是去月球的短途旅行，单程也需要 3 天时间，并且需要像土星 5 号这样的运载火箭（重达 3039 吨）带着 134 吨的人、物和生命支持系统离开地球。在这些只持续一周的短途往返旅行中，人体几乎没有时间产生严重的问题。宇航员返回地球时几乎不会受到任何副作用的影响。但长期留在国际空间站

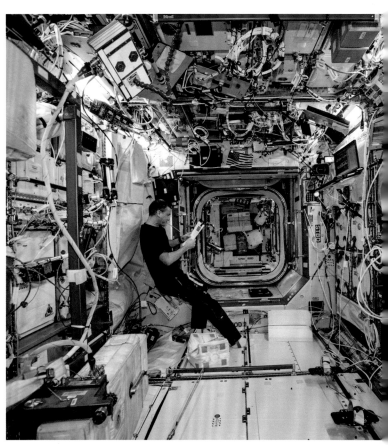

// 星际旅行

从 20世纪初开始，前往遥远的星系寻找宜居行星进行移民的想法就一直是科幻小说的内容，到移民行星的例行星际旅行、扩张银河帝国以及与其他文明接触的故事比比皆是。在某些情况下，搭载少数探险者的火箭只是简单地前往附近的星系寻找宜居星球。若没有找到，它们就转而奔向其他星系。在现实世界中，这根本不是我们进行探索的方式，因为航天器成本动辄高达数万亿美元，而且这样的旅程可能需要数百年。就像我们祖先的探险之旅一样，在执行计划之前，我们要先问自己3个问题：①我们的目的地是哪里？②当我们到了之后会做什么？③这一探索之旅对地球上数十亿人的价值是什么？

关于第一个问题，也就是我们去哪里，目前正在进行的

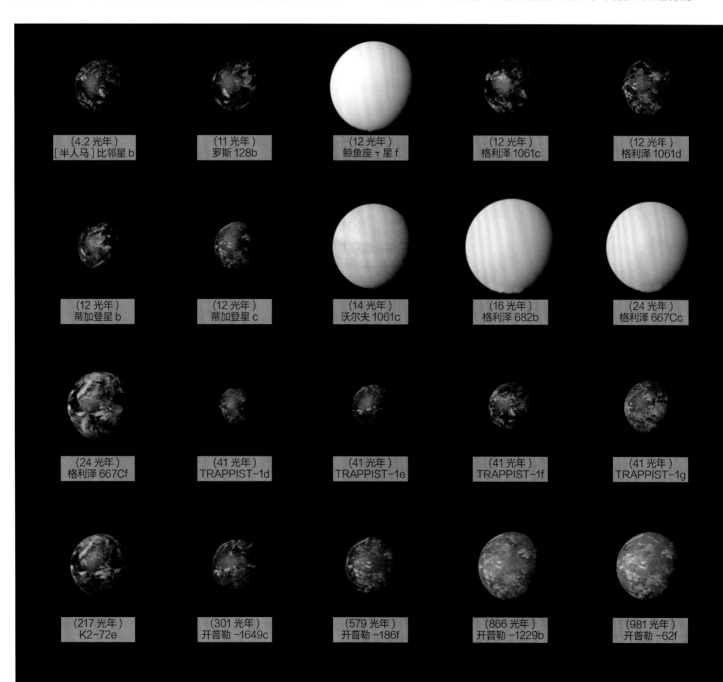

(4.2光年)
[半人马]比邻星b

(11光年)
罗斯128b

(12光年)
鲸鱼座τ星f

(12光年)
格利泽1061c

(12光年)
格利泽1061d

(12光年)
蒂加登星b

(12光年)
蒂加登星c

(14光年)
沃尔夫1061c

(16光年)
格利泽682b

(24光年)
格利泽667Cc

(24光年)
格利泽667Cf

(41光年)
TRAPPIST-1d

(41光年)
TRAPPIST-1e

(41光年)
TRAPPIST-1f

(41光年)
TRAPPIST-1g

(217光年)
K2-72e

(301光年)
开普勒-1649c

(579光年)
开普勒-186f

(866光年)
开普勒-1229b

(981光年)
开普勒-62f

系外行星研究会在我们离开之前数十年就给出答案。在距离太阳 12 光年范围内的 35 颗恒星中，截至 2020 年，我们已知有 21 颗系外行星围绕其中的 12 颗运行。只有 4 颗系外行星位于其宜居带内：[半人马]比邻星 b、巴纳德星 b、鲸鱼座 τ 星 e 和罗斯 128b。再过几十年，随着人们对这 35 颗附近恒星进行更充分的调查，这个名单可能会扩大。到我们开启第一次星际旅行时，我们肯定会远在启程之前就知道

距离太阳 100 光年以内我们目标系外行星的位置、大小和大气成分。事实上，除非在建造飞船前几十年就知道我们的目的地，否则我们甚至无法开始考虑工程的规模问题。

当我们到达太空目的地时，我们会怎么做将取决于这颗

下图 以下是可能的目标系外行星的最新名单，如果我们发现它们有什么可怕的地方，那我们会在计划开始之前将其从候选名单中删除。

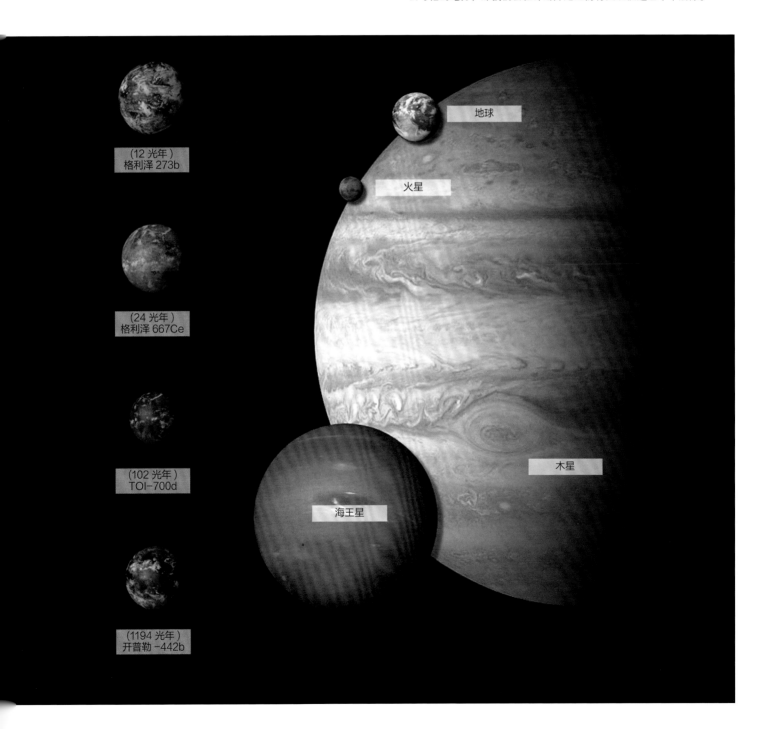

(12 光年)
格利泽 273b

(24 光年)
格利泽 667Ce

(102 光年)
TOI-700d

(1194 光年)
开普勒 -442b

地球

火星

木星

海王星

美国太空探索技术公司
的猎鹰重型火箭从位于
美国佛罗里达州的美国
国家航空航天局肯尼迪
空间中心的39A发射台
发射阿拉伯-6A卫星。

行星是否可以着陆，而着陆一颗类地行星并返回轨道母船是一项极不平凡的挑战，即使是当前的技术也还没有实际演示过。如果这颗行星类似于地球，但质量是地球的2倍以上，我们将能够在其表面着陆，但由于表面引力大，航天器的化学火箭的推力不足以将宇航员送回太空。目前对于地球而言，将127吨的有效载荷送入近地轨道需要起飞重量3038吨的火箭（美国国家航空航天局的土星5号）。在一颗巨大的行星上，同样的运载火箭可能只能将几吨重的东西送入太空。如果行星具有类似地球的气压，我们将不需要加压服，但如果行星大气含有哪怕1%的微量气体，如氯气，直接呼吸就会致命。我们仍然需要种植自己的食物，因为如果该行星有自己的生物圈，那么它的微生物可能对我们的植物来说是致

命的，而且很大程度上对人类的生理机能来说也是致命的，所以我们必须始终穿着某种环保服。如果该行星没有大气，我们将被迫住在一个加压的穹隆下。当仔细考虑了我们抵达后要做的事情后，就能意识到移民其他行星所面对的各种挑战几乎与经过数十年甚至数百年的旅行后终于抵达那里一样艰巨。

而对于留在地球上的人，他们投资了数万亿美元使这一旅程成为可能，但几乎想不出他们能从中获得什么利益。太阳在数十亿年内不会对我们造成致命威胁，而我们太阳系中的前哨基地作为未来人类"救生艇"的移居地，到达那里要容易得多。投入如此多的时间和金钱进行我们的第一次星际旅行，这绝对是一个重大的决定。在古代法老建造金字塔时，

他们可以召集 10 万人为一个所有人都情之所系的宗教目标工作 20 年或更久。但星际旅行将需要一种看起来可能与我们今天的文明截然不同的人类文明状态，在这种文明环境中才能组织如此昂贵的远行，而这一行动对留下的人类却没有明显的好处。

尽管星际旅行对于科幻小说来说是一个引人入胜的题材，但描写这一冒险之旅的早期情景的故事就少多了，早期的火箭技术仍在完善，且当时我们最远的目的地通常在小行星带以内。解决太阳系内快速旅行问题的方法与星际旅行所需的更快速度有关。如果能在一周内从地球旅行到冥王星，这一神速足以消除长时间太空旅行对人体的所有有害影响，并让我们能够在任何地方迅速建立移居地。但以这样的速度，从地球到半人马 α 星仍然需要 130 年。快速的行星际和星系际旅行只能通过超越化学推进而采取新的系统来实现。在科幻小说中，可用于执行此操作的魔幻系统无穷无尽，包括超光速"曲速引擎"，甚至虫洞网络，但在工程和物理学的现实世界中，火箭设计的进步要慢得多。火箭推进依赖于在最短的时间内将尽可能多的质量从火箭尾部抛出去。化学火箭通过以每秒数吨的速度喷射气体羽流来做到这一点。这是达到目的的一种廉价、粗暴的方法。但自 20 世纪 60 年代以来，的确也出现了大幅度提高效率和减少所需燃料的其他类型的引擎设计。

// 推进技术

核推进

　　这种技术是在 20 世纪 60 年代初开发并制造出原型的，它需要建立一个核裂变反应堆，通过它，液氢被迅速加热到数千摄氏度。化学火箭以每秒几千米的速度喷射物质，而核火箭能以高达每秒 100 千米的速度喷射，从而以少得多的燃料提供大得多的推力。遗憾的是，一些已有的设计，例如 1968 年测试的太阳神 2 号，没有产生足够的推力将自身送入太空，但一旦进入太空，它们的工作效果就会非常好。核火箭发动机可能首先还要靠常规化学火箭送入轨道，然后被用作速度快得不可思议的行星际运载系统的一部分，该系统可以将前往火星的单程时间从 8 个月缩短到可能不到一周的时间。

　　2021 年，美国国防部高级研究计划局为美国通用原子能公司、蓝色起源和洛克希德·马丁公司这三家公司注资，以开发 2025 年在月球轨道上运行的核热推进系统。同年，美国国家航空航天局还获得了 1.1 亿美元用来加快这些系统

的设计，用于 2039 年的载人火星之旅。

离子推进

　　通过使用电场和磁场的组合来加速和引导带电粒子，可以将带电粒子加速到每秒数千千米。罗伯特·戈达德（Robert Goddard）在一个 1924 年使用的发动机样本中最早引入了离子发动机的基本构想，但离子发动机推进又花了 50 多年的时间才应用于航天器。对于 20 世纪 90 年代发射的几颗商业卫星，离子发动机是维持卫星在轨位置的高效手段。

　　第一个使用离子推进的行星际计划的航天器是 1998 年发射的深空 1 号。该计划的任务是飞掠小行星 9969 布拉耶和 19P/ 包瑞利彗星。该航天器使用了一个功率 2100 瓦的

下图 2017 年 8 月，美国国家航空航天局与 BWXT 技术公司签订了价值 1880 万美元的合同。与化学火箭发动机相比，使用这种原始版本的核热推进系统的航天器可以将前往火星的时间缩短 20% ～ 25%。

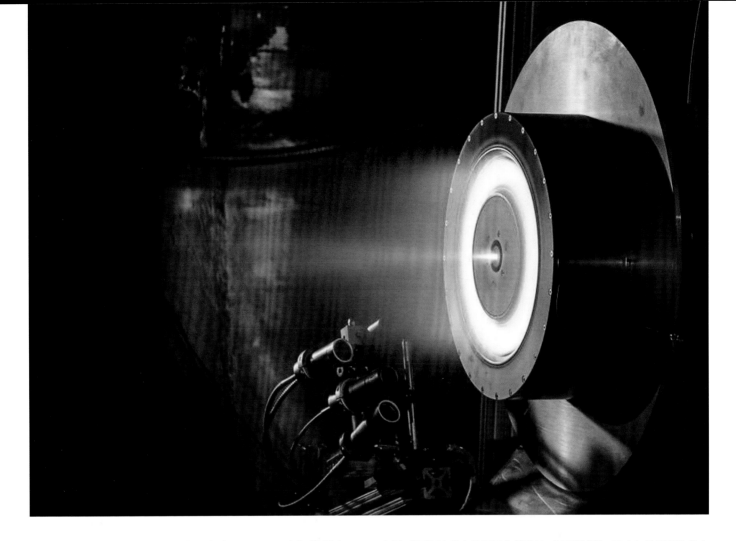

发动机，喷射出一股氙原子流，产生了 0.092 牛顿的推力，它可以保持这种推力 1.3 年，并且仅消耗 82 千克的氙气燃料，而离子的出口速度为 3×10^4 米 / 秒。电力由太阳能电池板提供，因此这种技术被恰当地称为太阳能电力离子推进技术。该技术适用于在阳光强烈的内太阳系旅行，但在外太阳系，核反应堆将用于核电离子推进系统。

目前，根据与美国国家航空航天局的合同，美国密歇根大学已经展示了能够提供 5.4 牛顿连续推力的离子推进系统。重 227 千克的 X3 离子推进器的最大功率为 100 千瓦，使用氪原子或氙原子，在正常的 100 小时运行时间内消耗约 150 千克燃料。其他离子发动机设计，例如美国阿斯特拉公司开发的可变比冲磁等离子体火箭，排气速度为 50 千米 / 秒，运行功率为 120 千瓦，科学家正在研究用这种火箭将宇航员运送到火星。如果技术可行，则往返旅行时间会从 2.5 年减少到只需 5 个月。通过使用一个功率 200 兆瓦的核反应堆，往返时间又可以缩短为 39 天。另一项更直接的应用是使用 5 台功率 1 兆瓦的可变比冲磁等离子体火箭发动机，由太阳能电池板和 8.9 吨氩气推进剂来将 38 吨货物运送到月球。

上图 美国国家航空航天局的新型 X3 离子推进器，正在与美国密歇根大学研究人员、美国空军合作开发。该推进器在最近的数次测试中打破了纪录。

下图 艺术家对几台可变比冲磁等离子体火箭发动机推动航天器穿越太空的描绘。

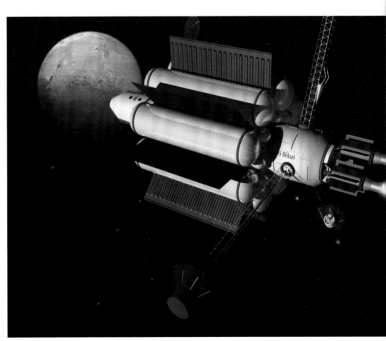

// 结语

在浏览了这百多页的文字以及花费了一些时间和精力的阅读中，你已经在你的脑海中创造了一个完整的宇宙。过去 100 多年的探索揭示了我们世界的许多不同要素是如何恰好以正确的方式聚合起来，塑造了布满夜空的行星、恒星和星系。与此同时，我们关于宇宙起源和演化的现代故事经历了许多意想不到的曲折变化。我们必须对时间、空间和物质形成新的理解，摆脱阻碍我们创造更美好、更准确故事的千年偏见。当最先进的工具还只有轮子和杠杆的时候，古老的故事足以满足我们祖先的想象需求。如今，我们被技术增强的感官比我们的前辈要灵敏得多了，因此我们讲故事的水平也必须提高。

有些人可能会担心，新故事的深层技术细节与人类的经验相去甚远，无法满足我们对基于简单解释的情感渴望。

但简单与否是一个品味问题。它是一个不断移动的目标，千百年来在不断地变化着。与古老的故事相比，我们现在的故事最大的变化是它由更多的部分组成，并且有一条深层得多的连续线索将所有部分编织在一起。我们发现了一个由星系、恒星和行星组成的更大、更丰富的宇宙，但在这个宇宙中，自然界的规律就像一位看不见的乐队指挥一样组织了这支物质管弦乐队。令人惊讶的是，随着处于现代的我们对宇宙的重新发现，我们仍然可以坐在篝火前讲述我们的新故事。这一次，我们的观察可以穿越前景中杂乱无章的物质和现象，并思考这一切是如何形成的这一更深层次的奥秘。

下图 "重生" 的行星状星云 Abell 78。

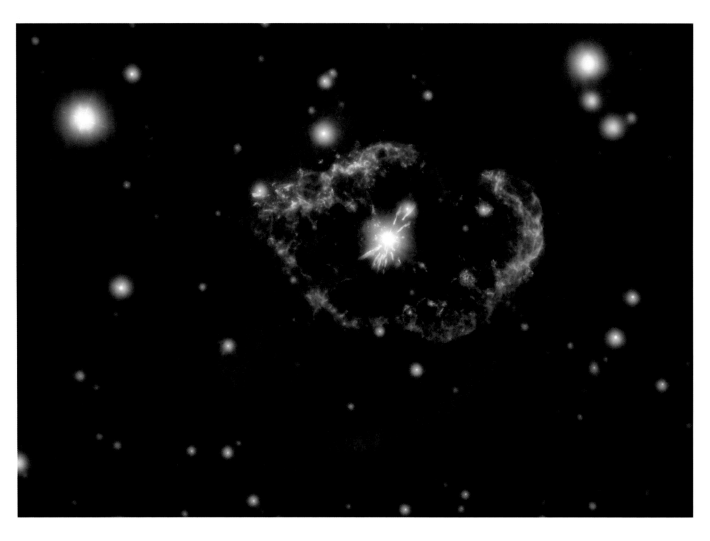

延伸阅读

The Meaning of Relativity by Albert Einstein, Princeton University Press, 1922.

Dark Side of the Universe: Dark Matter, Dark Energy, and the Fate of the Cosmos by Iain Nicolson, Johns Hopkins University Press, 2007.

The Theory of Almost Everything: The Standard Model, the Unsung Triumph of Modern Physics by Robert Oerter, Pearson Education Press, 2006.

Before the Beginning: Our Universe and Others by Martin Rees, Helix Books, 1997.

Three Roads to Quantum Gravity: A New Understanding of Space, Time and the Universe by Lee Smolin, Basic Books, 2001.

A Brief History of Time by Stephen Hawking, Bantam Books, 1988.

Exploring Quantum Space by Sten Odenwald, CreateSpace Publishing, 2015.

Observer's Guide to Stellar Evolution by Mike Inglis, Springer, 2003.

The Life and Death of Stars by Kenneth Lang, Cambridge University Press, 2013.

How Did the First Stars and Galaxies Form? by Abraham Loeb, Princeton University Press, 2010.

Visual Galaxy: The Ultimate Guide to the Milky Way and Beyond by Clifford Hadfield, National Geographic, 2019.

Exoplanets: Diamond Worlds, Super Earths, Pulsar Planets, and the New Search for Life beyond Our Solar System by Michael Summers and James Trefil, Smithsonian Books, 2018.

Envisioning Exoplanets: Searching for Life in the Galaxy by Michael Carroll, Smithsonian Books, 2020.

Our Solar System: An Exploration of Planets, Moons, Asteroids, and Other Mysteries of Space, by Lisa Reichley, Rockridge Press, 2020.

The Planets: Photographs from the Archives of NASA by Nirmala Nataraj, Chronicle Books, 2017.

Interstellar Travel: An Astronomers Guide by Sten Odenwald, CreateSpace Publishing, 2015.

The Future of Humanity: Terraforming Mars, Interstellar Travel, Immortality, and Our Destiny Beyond Earth by Michio Kaku, Doubleday, 2018.

图片来源

t = 上 , b = 下 , l = 左 , r = 右 , m = 中

Alamy: 37 (Science Photo Library), 173b (Susan E. Degginger)

Alex Alishevskikh: 174

Andrea Ghez: 101tl (Keck Observatory/UCLA Galactic Center Group)

CalTech: 81 (Virgo Collaboration/LIGO)

CERN: 48

Daniel Pomarede: 103t (Yehuda Hoffman/Hebrew University of Jerusalem)

David Woodroffe: 20, 35, 132, 154b, 166t

Derek Leinweber: 32 (CSSM, University of Adelaide)

Event Horizon Telescope: 95

ESA: 7, 15, 53, 67, 70t, 70b, 72‑3t, 91t, 91b, 96, 112, 115b, 120l, 120r, 123t, 135, 138b, 157b, 164tl, 166bl, 170, 171tr, 176, 179, 188

ESO: 69, 82, 85, 86, 87, 90, 100, 106, 116, 117t, 121, 127t, 130

Gabe Clark: 109t

Getty Images: 11t (Print Collector/Hulton Archive), 19b (Mark Garlick/Science Photo Library), 79 (Mark Garlick/Science Photo Library)

Ken Chen: 73br (National Astronomical Observatory of Japan)

Kevin Jardine: 119b

Jan Skowron: 119t (OGLE/Astronomical Observatory, University of Warsaw)

NASA: 2, 4, 6, 8, 16, 17, 18, 21b, 22, 30, 43, 54, 59, 60, 62, 63, 65, 66, 74, 75tl, 75tr, 75b, 77, 89, 91b, 93, 94, 97bl, 97br, 98l, 98r, 99l, 99m, 99r, 101tr, 101b, 105, 109b, 114, 115t, 117b, 122, 123b, 126, 127b, 128, 131, 134, 139, 140, 142, 144, 145t, 145b, 146t, 146b, 147t, 149t, 150, 151t, 151b, 152t, 152b, 153b, 154t, 155t, 155b, 156, 157t, 158, 160l, 160r, 161, 163, 164tr, 164b, 165t, 165b, 166br, 167tl, 167bl, 167tr, 167br, 168t, 169t, 169b, 171b, 172, 175, 180, 181t, 181b, 184, 186, 187t

NRAO: 97tl (AUI/NSF/B. Saxton)

Philip Moesta: 73bl (TAPIR/California Institute of Technology)

PHL@UPR Arecibo: 133, 136, 182

Physical Review Letters: 45 (N. Musoke et al.)

Planetary Society: 162, 168b

Public Domain: 110

Science Photo Library: 13 (Arscimed), 23t (Take 27 Ltd), 28 (Mark Garlick), 34 (Giroscience), 41 (Mark Garlick), 47 (Laguna Design), 80 (Nicolle R. Fuller), 104 (Mark Garlick), 118b (Royal Astronomical Society), 136 (Mark Garlick), 143 (Tim Brown), 147b (Sputnik)

Shutterstock: 12, 19t, 27, 38, 44, 49, 55, 56, 71t, 124, 148b

TNG Collaboration: 103b

Wikimedia Commons: 10, 25, 58, 61, 64, 68, 102, 108, 111t, 113, 118t, 137, 153t, 159, 171tl, 173t, 187b